城市景观更新与改造

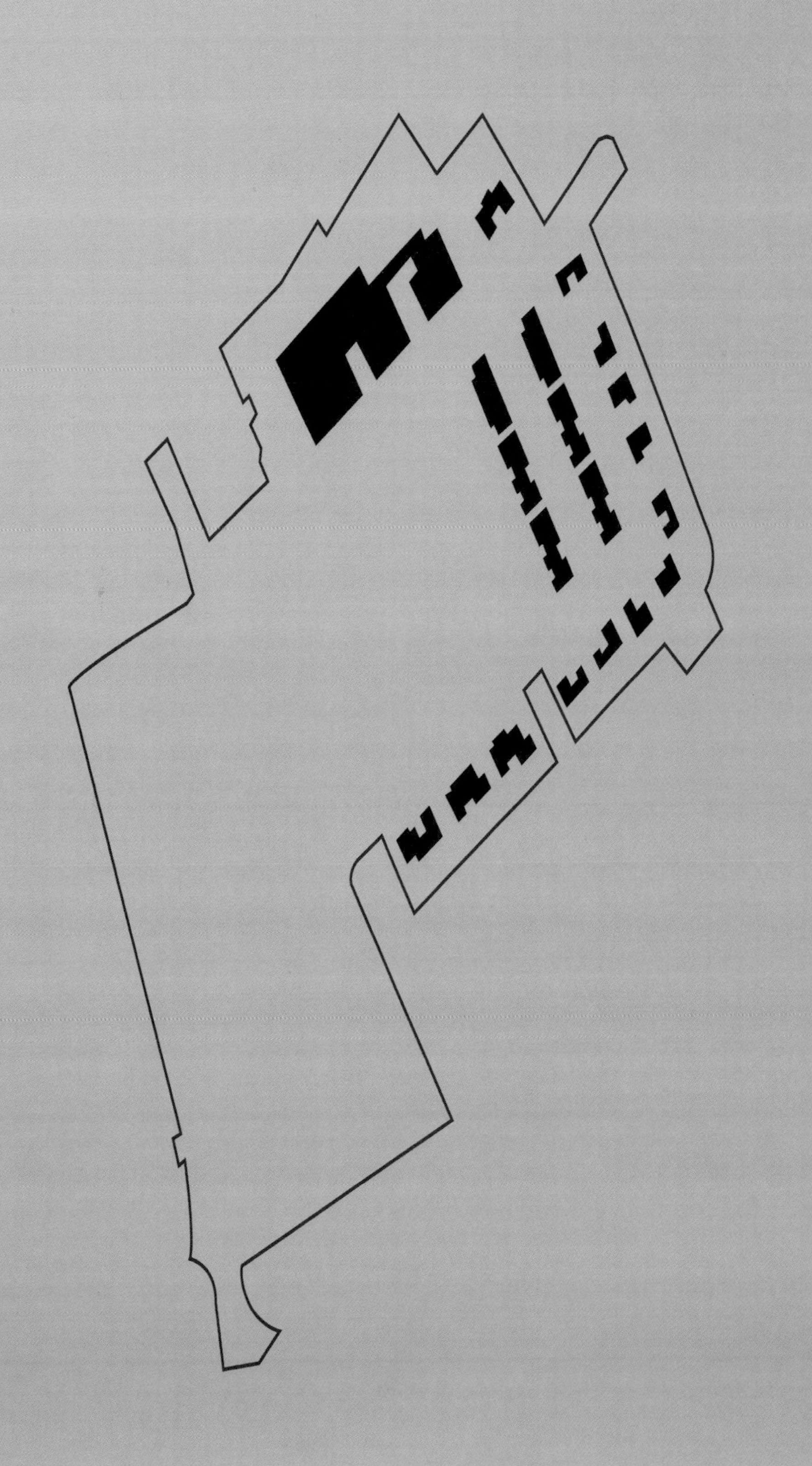

URBAN RENEWAL DESIGN

梁尚宇／编
孙福广 杨莉／译

◎基于
生态可持续设计的景观更新

◎基于
艺术再造的景观更新

◎基于
历史文化遗址的景观更新

辽宁科学技术出版社
·沈阳·

序言

掩卷本册《城市景观更新与改造》，当辑录的案例在脑海中过电影，回忆起过往的一些相似主题的书刊，不禁颇有从程朱理学到王阳明心学演变的感受。于是又随手翻起书架上一些五年前甚至十年前的图书，这些书大致也有相关城市景观更新的内容，当时所选案例，也不乏一些被后来证明是经典的案例。而现在翻看这册《城市景观更新与改造》的书稿，确实感觉时代在变。

为什么本篇序言要用从“程朱理学”到“心学”演变这个角度来切入？因为笔者相信能安静翻阅本书的人，大多数都已经是经过了那个强烈猎奇感的图文速读阶段，逐步进入了精细阅读阶段的行业人士了，换言之，少了几分说来就来的悸动，多了几分几经起落的沉思。我看着我十年前那些藏书上留下的笔记笺注，以及当时解读“国外优秀精选案例”的思维方式，其实就在程朱理学主张的“性即理”范畴内。当时的我和我的小伙伴们会因为非常喜爱某一张景观广场的平面图，就反复地描摹它，然后读着配图的文字——一种很“第三视角写作”的文字，如读取使用说明书般不厌其烦地在平面图上形成从文字到平面再到空间的想象体验。

这里面还是“格物”的概念：如何探求事物的道理，并使得其作用于自身，便构成了学问的首要问题。程朱理学所主张的人的本性乃天所赋予，天理作为人性的内容，规定了人的一切活动。反映到我上述的事件上，是编书的人如此，看书的人也如此，大体上，那个时代的中国景观行业集体意识或思维方式也是如此——即，在“格物”上，力求在事事物物探求物理，在“致知”上，向外发散延展去寻求关于事物的知识，就是所谓的“即物而穷其理”。那一时期的图书、杂志，颇有“凡天下之物，莫不因其已知之理而益穷之，以求至乎其极”的价值倾向。

这样的“穷极”活动，好的一面在于给行业人士一种相对详细的信息包围，来促进对某一类景观事物的认知与体验；但对大多数人来说，不一定有机会亲临经典案例的现实场所完成知觉认知体验，仅仅靠媒介的信息包围，和“格物致知”的外向穷索活动，导致对景观事物的认知是碎片化的。当然，那时候的中国城市化进程的大环境下，城市景观更新中可供实地体验的例子也少，实现与国外案例相似体验的途径确实不多。当时我们做设计时常常会想起某个案例及其平面、立面、实景照片等信息，尽管经历过背图、描摹等信息加工储存过程，但是当我们想将这些“掌握过”的东西自如地在新项目上借鉴应用时，发现还是有困难，而且每个新项目都是新困难。

为何?

王阳明“心学”给了答案。用来解释我们这点专业问题是绰绰有余了。“亭前格竹”的失败让王阳明对“穷极”才能“豁然贯通”的格物之学产生了深深的反思，然后才有了后来的“龙场悟道”和“天泉证道”。在心与物的关系上，王阳明的观点是“意之所在便是物”，这是一个著名的论点。“心”有着丰富的含义，“天下无心外之物、无心外之理”。

也许我们谈点专业上的问题用不着“上升”到君子道德之说，但是在知行合一辩证关系下还是可以谈谈的。当我们有机会带着“掌握过”的经典案例的信息，亲自到了实存场所去认知和体验时，往往真有这样的直观反应：和之前想象有些不一样哎。这样的例子相信很多人都有过体验。曾经笔者如果不是在野口勇加州情景园那断续的溪流边丈量石板的厚度变化，是不可能发现作者是在溪流底部通过标高设计完成自然流水，而不是像惯常人们设计那样，在广场铺装面上完成排水设计。这样带来的视觉微妙体验是，当在远处驻足观看处于水源位置的三角体雕塑时，近处的厚石板向远处的薄石板过渡，似乎加强了透视，进而从意义上指向了某种加州地域性地理或气候元素。

回到本文主题。“时代在变”的五到十年里，给了我们专业和行业足够多的知行合一的机会。在这个足够大开大合波澜壮阔的过程里，我相信很多行业人士也逐渐发现，既然景观也是一种反映着人的意志的产物，那么人心中善恶真伪也会在知行合一的过程中显现出来。天泉证道时，王阳明提出著名的“四句教”——“无善无恶心之体，有善有恶意之动。知善知恶是良知，为善去恶是格物。”这是他终身的座右铭：致良知。良知思想在《孟子》《大学》等典籍中已有源头，朱子将“致知”解释为在事事物物上探求物理，而王阳明心学则认为是致吾心之良知，“致”由朱子谓之探寻、求索之意演进为通“至”的通达、推行之意。

铅华洗过的中国景观，正在进入为善去恶的格物过程。因此这个时候我们去观看同时期在国外相异时空条件下的景观案例时，已经是去“陌生化”、去“猎奇感”、去“神秘化”的视角了。

因此本册《城市景观更新与改造》所选案例中，我相信读者会发现，它已经不太需要用过度透视变形的广角镜头来拍摄景观，以引起惊奇；也不需要一眼便能识破的摆拍来提振场所的“人气”；同时设计机构提供的文字描述中，既没有像使用说明书那样的“穷极”状态，要将“设计”分析得头头是道来充斥读者神经，也没有软文鸡汤那样的造作。甚至有些案例非常的萌，向读者老实交代着设计事件发生的始末，哪些是情理之中，哪些是意料之外，全然没有过往曾盛行一时的那种设计师千秋万载一统江湖的凌人文风。

行业在走向成熟，编书的人和看书的人都会走向成熟，这是当今中国景观业界可圈可点的光辉之处。当所谓的景观形态、形体、构成、色彩等已然唤不起多少荷尔蒙时，那么进入精细阅读时代的中国当代景观人们，则有可能在心学的知行合一方面，迎来更有意义的正心、诚意、致知、格物。

愿这个册子给您带去某些中正平和。

梁尚宇

清创尚景（北京）景观规划设计有限公司 创始人

清创华筑人居环境设计研究所 学术主持人

目录

圣彼得斯堡市区滨水环境改造

文：迈克尔•布朗

迈克尔•布朗

迈克尔•布朗（Michael J. Brown），艾奕康（艾奕康全球咨询集团）职业景观设计师。布朗的职业生涯涉猎了多种类型的景观设计，包括公园、街道、民用建筑、医疗建筑、园区环境、城市设计、多功能项目以及城区环境的景观开发等。布朗的项目主要集中在佛罗里达中部和西雅图。这些项目反映了布朗的兴趣所在和专业能力，尤其是户外空间的设计，兼顾了空间的社会功能和环境的可持续发展。布朗尤其对可持续基础设施情有独钟，常在项目设计中融入可持续元素，同时兼顾成本效益。

历史背景

圣彼得斯堡(St.Petersburg)是位于美国佛罗里达州，濒临墨西哥湾的一个城市。圣彼得斯堡滨水区（Downtown Waterfront）长久以来一直是这座城市中最重要的区域。1888年，彼得·狄曼斯（Peter A. Demens）主持修建了橙带铁路（Orange Belt Railway），在这条铁路线的末端便形成了这片滨水区，随后迅速发展为工业重地，有发电厂、水产品加工厂、木材堆置场以及数不胜数的厂房仓库。到1900年，工业活动损害了滨水区的形象，与此同时，旅游业逐渐发展，矛盾开始显现，公众迫切需要滨水区开发能够为市民所用的公共环境。1902年，商业贸易局（圣彼得斯堡商会的前身）发起了有关滨水区未来发展的讨论，通过了一项决议，要在第二大道和第五大道之间开发一座滨水公园。这项决议得到了《圣彼得斯堡时报》的编辑威廉·斯特劳布（William Straub）的支持，此后斯特劳布一直致力于滨水公园的开发和相关信息的出版。

1905年，J.M.路易斯（J. M. Lewis）提出了他的规划。在这个规划中，他计划将几乎整个滨水区打造成一座公园。他的这项规划成为1906年政府大选中的一项重要议题，滨水区改造的支持者最终赢得了市议会中的多数席位。新组建的议会很快通过了一项决议，要取得滨水区的土地使用权。到1909年底，滨水区大部分的土地使用权已经归政府所有。

据可靠历史资料显示，1915年至1919年，滨水区大部分的水淹地都进行了回填。1917年至

1918年，佛罗里达立法局通过了一项特殊法案，赋予市政府使用这些回填水淹地的权力，包括从“咖啡壶河口”（Coffee Pot Bayou）一直到拉辛公园（Lassing Park）。

如今的整个滨水区都是经过回填处理的。从1918年到1923年间，市政府取得了剩余地点的土地使用权，开始了改造工程，旨在改善滨水区环境，给市民创造更多的公共活动空间。

市政府的章程中有一条专门针对滨水区的条款，要求滨水区公园中任何资产，如要售卖、捐赠或出租超过市政府取得的租赁授权期限，必须先经过投票通过。为保护并改善滨水区环境，使其成为全球知名的滨水旅游胜地，2011年11月，圣彼得斯堡市投票通过了一个市政章程修正案，批准了滨水区总体规划的正式开始。总体规划的目标是首次为滨水区营造整体的环境形象，同时，勾勒出决定滨水区未来发展的指导方针框架。在这个总体规划中，指导方针体现在“滨水区五项原则”“滨水区综合需求”以及六个“区域概念规划”中。

艾奕康：以公众为导向的设计

艾奕康打造的圣彼得斯堡滨水区总体规划，采用以公众为导向的设计方式。原来的滨水区没有得到充分利用，只有少数人群在使用。城市的发展让这一地区的开发变得多样性，市政府决定将滨水区作为满足这种多样性需求的重点开发项目。设计面临的挑战是，滨水区需要满足所有市民的需求。

圣彼得斯堡滨水区总体规划是一个综合性的规划项目，需要打造一个为全体市民服务的公共休闲空间。规划方案广泛征求了公众的意见，让居民参与到设计中来。设计团队提出一系列围绕“社区”的主题并得到公众的认可，由此确立了总体规划的框架。总体规划方案围绕“滨水区五项原则”展开：

1. 树立市民对滨水环境的主人翁感；

2. 强化市民的亲水体验；

3. 丰富滨水公园的公共活动；

4. 激发滨水区的商业活力；

5. “滨水区+商业区”结合。

总体规划的设计旨在满足社区居民的近期基本需求，并确定未来需要长期重点改造的区域。规划框架将绵延11千米的滨水区内的不同区域连接为一个统一的整体。

吸收公众意见

听取公众以及相关各方的意见，这项工作通过多个渠道来进行，包括启动大会、四次实地考察、五次社区讨论会、四次社区推广会、一次青年互动研讨会、20多次相关各方参与的会议、一次社会调查以及各种网上调研活动等。

初次的启动大会象征着圣彼得斯堡滨水区总体规划项目正式开始听取来自公众的意见。艾奕康邀请市民积极参加启动大会，了解规划的过程，提供反馈意见。会上，副市长康尼卡·托马林博士（Kanika Tomalin）面对约300名与会者发表讲话，表示希望通过大家的讨论，共同描绘滨水区的未来愿景。大会提供了宣传册以及其他形式的资料，与会者可以将资料带回家与亲朋好友讨论。与会者就他们对滨水区的愿望和关注的问题展开了深入讨论，活动进行直至深夜。

在征求公众意见的过程中，艾奕康邀请所有市民亲身到滨水区的各处走一走，作为一种互动式实地考察，希望从中发现问题，包括道路设置、空间布局、安全性、功能性以及商业开发的潜能等。实地考察是听取公众意见的一种有效方式，公众可以通过亲身走访去感受环境的优缺点，为设计师提供中肯的意见。参加实地考察的市民按照既定线路组队走访，沿途遇到感兴趣的地方就停下来讨论。参与者要按照要求的固定格式来记录他们的走访过程。

设计团队还组织了一次青年互动研讨会，邀请社区中的年轻人说出他们的想法，讲述他们心目中的滨水区应该是什么样子以及他们在这样的环境中希望进行哪些活动。设计团队首先简要地向他们介绍了滨水区总体规划方案，并强调了他们的意见对设计过程的重要性。设计师准备了一系列有关滨水区未来开发的问题，由年轻人来作答。年轻人们讨论了他们对滨水区的想法，包括他们想要改变的以及他们想在那里做什么。讨论后，年轻人参与了设计师的设计工作，并给设计师提出意见。设计师给年轻人发放了滨水区常见活动和环境的图片，外加沙滩水疗公园（Spa Beach Park）的一张鸟瞰图，然后让他们将他们希望在公园中看到的部分剪下来，贴在鸟瞰图上，即：用剪纸来“设计”公园。有些人还选择使用马克笔来让设计更加丰富。这个最终的设计进行了公开展示。

为了将意见采纳的范围尽量拓宽，设计团队还开发了一个网站，里面有这个项目的背景信息、相关规划与报告、地图、计划表以及其他最新的信息。此外，圣彼得斯堡的“脸书”（Facebook）和“推特”（Twitter）官方账号上也即时发布有关项目设计进程的最新消息。

StPeteInnovision.com网站是这个项目的线上交流重点。这个网站就相当于一个“网上市政厅”，社区成员注册后可以在这里就具体的话题进行讨论，上传图片，表达自己的想法，或者就别人提交的意见发表评论。如果用户看到自己赞同的意见或评论，可以进行点赞加分。不同程度的参与会给予不同的奖励。随着规划进程的推进，这个论坛也一直鼓励公众给予反馈。

2014年秋季，设计团队发起了圣彼得斯堡滨水区开发社会调查，希望以此确立滨水区开发的重点。这次调查的设计旨在在全市范围内听取广泛的意见，得到具有统计价值的数据。调查委托ETC市场调研公司（ETC/Leisure Vision）通过邮件、网络和电话等多个渠道进行。

5页纸的调查问卷随机寄送至全市各地的2500户家庭。每户收到邮件三日后，还会收到一条语音信息，敦促他们完成调查问卷。此外，邮件发出大约两周后，调查小组开始通过电话联系被调查人。如果对方表示没有寄还调查问卷，他们也可以选择直接在电话里完成调查。

调查目标是收集至少500份反馈。调查小组完成了这一目标，实际收集调查问卷694份。其中，492份问卷来自滨水区附近居民，另外202份问卷来自其他地区。694份随机调查问卷平均达到95%的可信度，准确率不低于±3.7%。

滨水区规划设计启动

在这几个月的意见收集过程中，设计团队还进行了大量的访谈，认真倾听了来自数百人的意见，包括普通居民、商户、社区领导人以及其他关注圣彼得斯堡滨水区未来开发的人群。

这类访谈包括大规模的座谈会，也包括小团体的谈话，包括在居民区中的走访，也包括在InnoVision网站上以及通过其他社交媒体进行的在线访谈。访谈的内容包括公众的看法、普遍关注的问题、他们眼中滨水区的价值以及一些具体的改造意见等。

访谈中得到的意见和建议可以分为五类，设计师将其总结为“滨水区五项原则”（见第5页）。其中每一项之下都有很多具体的问题，这些问题共同决定了滨水区规划的框架。

为了更好地理解这些问题，我们将其划分为三种程度的改造，即：

革新式改造：革新式改造是指滨水区长远的、大规模的改造，对城市乃至该地区具有较大的影响。这类改造包括：增加自然栖息地面积，改善野生动物栖息环境；增加防波堤，强

化码头功能；打造滨水区多模式交通，拉近人与水的距离；在未充分开发的土地上兴建景点。

针对性改造：针对性改造是指分阶段完成的改造项目，分别有不同的合作伙伴投资，丰富滨水区的文化休闲活动。这类改造包括：通过码头洼地改善水循环；提供更多临时性的小型码头；增建公共卫生间和滨水活动场地；丰富水上交通的方式。

基本需求改造：基本需求改造是指可以在短期内以较低成本完成的改造。这类改造包括：采用"低影响开发"模式，保护水源；采用适宜佛罗里达州气候环境的树木，为滨水区带来阴凉；增加座椅、垃圾桶、导视标识以及其他基础设施，为滨水公园带来更好的环境体验；改善滨水区的自行车租赁服务。

打造可持续滨水区

滨水区总体规划是对这个环境未来发展的愿景规划框架，它的重点在于为城市环境内的这一核心区域注入活力，既强化公共空间的使用功能，又美化市区环境，同时，通过私人投资的方式焕活区域经济活力。规划的成功在于，相关各方参与到设计中来，提出他们的想法，设计团队深入广泛地收集社区民众的意见，其中的每一项改造真正做到自然环境、建筑环境和社会环境相融合。这种融合提供了一个平台，既能改善滨水区生态环境，又有助于提升滨水区环境体验，同时，对环境变化导致的自然灾害也起到保护的作用。

这种融合式的规划方式对于打造可持续的滨水区环境、实现规划愿景至关重要。设计采用一系列因地制宜的、灵活的指导方针，针对当前面临的问题，注重设计策略的实际操作性，让我们在面对城市未来开发的不确定性时，能够增强立足当下的信心。

滨水区总体规划让圣彼得斯堡向可持续城市开发迈出了关键一步，通过因地制宜的规划策略，保护自然环境和建筑环境，为我们指出一个“与自然共生”的开发范式转变。这个规划也提供了一个平台，让我们对城市可持续发展的讨论上升到一个新高度，让公众意识到可持续性对城市未来发展的重要性。

滨水区改造项目所在区域绵延约11千米，由不同的地块组成，所有权不同，使用功能不同，对社区的价值也不同。总体规划中明确划分出其中一系列重点区域，称为“特色地区”。规划方案针对每个特色地区的特点，提出了不同的建议。尊重每个地区的特色，这也会让滨水区的整体环境更加丰富多样，更有魅力，更具可持续性。

公园改造规划

在社区讨论会上明确确认的公园的价值之一，就是要为公众提供消磨白天时光的场所。公园的环境必须进行彻底改造，为市民提供更加舒适的休闲环境。公园的游客可以选择参加不同的活动，并且不论白天夜晚，都能感到舒适、安全。树荫、座椅、照明、自动饮水器等，这些公园的基础设施要完备，满足社区居民基本所需。在规划案中，原公共卫生间的地点准备开发成公园的休闲活动枢纽，包含一系列小型公共空间，售卖食品，租赁小艇和各种水上活动设备。一系列野餐亭设置在适当的地点，为游客提供阴凉的休闲环境。

雨水管理改造

设计中需要仔细考虑公园的雨水排放问题。公园未充分利用的绿地中，可以将一小部分用于雨水排放。将收集雨水的洼地布置在水源附近，可以减少排水管的长度，节约开支，也能减少洼地占用的面积。设计采用一系列小型洼地的形式，以免大型洼地对公园的土地形态造成影响。

体育、文化、休闲区的新布局

马哈菲剧院（Mahaffey Theater）和达利博物馆（Dali Museum）附近是进行文娱空间开发的重点区域。原来的地面停车空间具有极大的开发潜能。达利博物馆西侧以及原有室内停车场南侧，应该留待以后进行博物馆的扩建，约有6000平方米。原有室内停车场可以满足马哈菲剧院、达利博物馆以及其他文娱场所及其配套商业零售空间的停车需求。室内停车场南侧以及第四大道南侧的地方，可以进行进一步的商业开发，用以辅助马哈菲剧院和达利博物馆的功能，比如文化场馆、公共活动场所和配套商业零售空间等。公共活动场所不包括会展中心或酒店。第二大道和第四大道之间的阿尔朗体育场（Al Lang Stadium）附近空间，也应该进行与体育设施相关的再开发，包括配套商业零售空间。这只是宏观的开发概念，具体的设计要根据用地的情况进行因地制宜的灵活变化，最终实现规划目标，打造出生机勃勃的多功能公共环境。根据这一规划，未来产生的收益将用于滨水区总体规划中其他区域的改造。从理念开发到实施的过程可能需要遵循一些条例法规，或者需要进行公投。因此，前期的社区参与就成为必不可少的步骤，以便确保整个过程的公开透明。

改善行人与自行车通行情况

为了将拉辛公园和盐溪区（Salt Creek District）衔接起来，规划方案中采用了一条多功能步道，沿着滨水区纵向布置。这样的设计需要与反对方进行协商，反对方是在这一带经营买

卖的商铺，还可能涉及土地交换以及与安全相关的设计考量。设计团队与相关方达成了不同的协议，保证了这条步道将滨水区和拉辛公园衔接起来。

拉辛公园与市中心之间的衔接受到盐溪（Salt Creek）和贝伯勒港（Bayboro Harbor）的限制。为方便非机动车的交通通行，沿第三大道将修建一条多功能步道，用以改善南北之间的衔接。这条步道将带来更加安全、舒适的体验，也是鼓励公众在滨水区采用非机动车的交通通行方式。

拓展行人区：边缘空间

滨水区原来的边缘空间主要是机动车停车区。将机动车赶走，把空间还给行人，将有助于打造亲切的公共环境。这个规划并不是说要将所有的机动车停车区都屏除在滨水区外，而是将这个边缘空间留给行人。停车空间另有安排，而这些空间也是滨水区规划的一部分，不会影响整体宜居空间的环境体验。

结语

圣彼得斯堡滨水区总体规划的设计过程将重点放在鼓励社区民众共同探讨滨水区的未来。这个规划得到了数千民众的参与，并致力于实现他们心中的愿景。规划将给各行各业的人们带来更多的公共休闲娱乐的机会，去享受滨水环境，也让

滨水环境给社区生活带来活力。“革新式改造”“针对性改造”和“基本需求改造”，将公共活动空间建设重新纳入城市开发重点项目。随着规划项目的实施，可能会出现新的挑战，我们可以根据上述规划中所述的方法，找到解决之道。

规划方案对滨水区的公共土地和私人土地都将带来根本性的改变。其中的每一个改造项目都涉及多方人员，需要大家共同设想未来开发的概念。这些项目经过改造，公共设施得到升级，公众的基本公共活动需求将得到更好地满足。这一点可以很简单，比如在开启地下空间进行设备维修时，扩展自行车道；或者也可以采取长期策略，系统地解决本规划中指出的滨水区的需求问题。

滨水区面临的挑战是艰巨的，但是，其中的一些改造项目，公众、政府以及相关各方已经实现了集思广益、解决问题，打造滨水区完美的休闲环境。这些成功经验告诉我们，各方合作，致力于实现共同的愿景，这样的规划方式至关重要。这样的规划过程已经为我们确立了整体框架，在这个框架之下，在滨水区愿景的实现中，政府将起到促进的作用。私人开发商应该认清他们在其中应该扮演的角色，因为他们已经认识到，与这个规划相符合的开发项目将给他们及这座城市带来更大的商业成功。

为实现上述愿景，政府、公众以及私人开发商都必须支持规划中确立的发展框架。圣彼得斯堡很幸运，背靠坦帕湾（Tampa Bay），有着丰富的自然资源可供利用。而这座城市的成功无疑要归功于过去的城市领导人所做的明智决策。今天，这种智慧的领导传统仍将继续滋养滨水区的未来开发。这也是一种公共资源，服务于圣彼得斯堡广大市民以及未来来自世界各地的游客。

深入了解背景，挖掘创新机遇

——访华人景观设计师郝培晨

活力、安全、绿色、健康，这是世界上大部分城市希望创建的生活环境。在您看来，城市应该如何为市民创造最佳的居住环境？

城市作为社会人口的一种组织结构，在城市发展的各种问题的解决上，不可避免地要受到政治制约。也就是说，城市开发要遵照各种法律法规，在相关部门的监督管理之下，寻找一种折中的解决方式，满足城市持续健康发展的要求。健康的、可持续的城市，从规划和管理的角度上来说（我认为这也是一个至关重要的角度），应该听取来自各方的意见，同时保有一种魄力，能够在城市的宏观整体发展上做出大胆决策。应该发掘公共信息共享的潜能，促进有关城市开发的公开讨论和交流。举例来说，近期北京和上海关于街道违建商铺的过度清理就发起了网上讨论。社交媒体的流行大大拓展了信息共享的可能性，不过，对这类讨论如何进行反馈，目前还没有建立适当的方法。从景观设计师的角度来说，在现代科技的支持下，城市开发的透明性得以提升，不仅体现在公共环境的改善，也体现在个体通过社交网络和大数据分析的参与上。在这样的背景下，城市开发可以变得更加公开透明。更多人分享城市发展的成功喜悦，问题的解决也更加容易；同时，解决问题的步调也要跟上新信息涌现的步调。从前那种由精英来领导的传统方式也逐渐变成更受欢迎的圆桌会议模式，这在某种程度上可以帮助有效收集信息，提供解决方案。

据说现在世界上一半的人口生活在城市，也就是说，世界的一半是城市环境。景观设计在城市环境更新中应该扮演怎样的角色？

我想这个问题归根结底是关于景观设计对现代城市化的作用。资本的力量可以驱动社会进入高速的城市化进程。但是，即便土地进行了城市化建设，有了基础设施和现代化建筑，城市依然不能算是完整的。“嵌入式”的景观设计是19世纪末美国规划师和景观设计师采用的策略，以此来保护珍贵的城市土地为公众所用。经过100年的发展，我们要让城市“发展完整”的任务从未完成，我们仍然面临着与之前一样的城市化问题，但是我们现在面对的环境可要复杂得多。

郝培晨

郝培晨，美国里德 + 希尔德布兰德景观事务所（Reed Hilderbrand，马萨诸塞州，坎布里奇市）景观设计师，哈佛大学设计研究生院（GSD）景观设计专业硕士，并在哈佛获得美国景观设计师协会（ASLA）荣誉证书。郝培晨的设计涉猎广泛，包括城市广场、园区规划、高档私人住宅景观设计等。学生时代设计作品曾获得 2015 年美国景观设计师协会学生优异设计奖——分析规划类设计的最高奖项。目前，郝培晨的设计主要关注现代景观的文化潜能开发，发挥景观设计的生态功能，致力于城市环境的更新改造。

如果进一步深入这个话题，其实对于规划师和景观设计师来说，我们从未有过比现在更好的机会，能够仔细回顾19世纪末美国的一批早期项目案例，那个时期的工业化建设让曾经的市区中心变成工厂林立的工业区，充满了烟雾、疾病以及其他各种不安全因素，严重影响了居民生活环境。当时，美国景观设计学的奠基人弗雷德里克·奥姆斯特德（Frederick Law Olmsted）以及其他几位景观设计师和规划师主持了一批“嵌入式”公园和绿地的建设。随着纽约中央公园（Central Park）、布鲁克林希望公园（Prospect Park）以及波士顿“绿宝石项链”带状滨水公园（Emerald Necklace）等一批项目的建成，“城市公园”的概念获得了全新的定义。景观的功能不再只局限于营造美观的环境和风景，更重要的是，它是促进健康生活的一种手段，是房地产开发和经济发展的催化剂。随着时间流逝，这些经典的公园已经成为珍贵的城市遗产，在城市中保留了未被建筑占据的土地，这比城市中的任何建筑都更有影响力。

在很多地方，尤其是在中国，建筑仍然被视为比公共空间或景观更为重要。景观设计界的领军人物们正在努力解决这个问题，但是景观的重要性在公众的意识中仍然是被低估的。这是我们共同面临的问题，也是我们通过合作提升景观行业影响力的机遇。

如何在保持原有地形和历史风貌的基础上开展景观设计?

在这样的情况下，你所面临的挑战是去设计，而不是去保持。换句话说，设计师的工作应该是如何去创造性地利用既有条件，而不只是简单的尊重原有的一切。你甚至可以很极端的清除原有一切，只要你有足够的调查研究和论证作为背后的支持。保护并不意味着乏味。设计师要大胆抓住机会去创造有趣的环境。我觉得对于这种情况来说，如何在“创造”和“尊重”之间求得平衡，是最大的挑战。

纽约“长码头河岸公园”这个项目，您如何做到将既有元素融入新的设计？

这个项目因为获得2015年美国景观设计师协会综合设计类优秀奖（ASLA Award of Excellence）而广为人知。同时它也是一座湿地公园，由一个受到污染的铁路车场成功改造而来。主持这个项目的设计师是加里·希尔德布兰德（Gary Hilderbrand）、克里斯多夫·莫伊尔斯（Christopher Moyles）和布里·门多萨（Brie Mendozza），他们的设计推进了这片从前的工业用地和垃圾堆积场的改造计划，使之成为一片健康的公共绿地，重新定义了哈得孙河谷（Hudson Valley）滨水区的形态。一期工程于2009年竣工开放，包括一条木板道以及由DIA基金会（Dia Foundation）赞助、由乔治·特拉卡（George Trakas）根据用地环境特别打造的雕塑作品。二期工程于2011年竣工，包括两栋建筑，都是由ARO建筑事务所设计。一个是艺术与环境教育中心，由一座历史悠久的谷仓改造而成；另一个是新建的建筑，用于皮艇的存放和出租，建在河谷的中央。弧形的交通动线布置以及大高差的地形，形成了这座公园的景观特色，与远处的山脉和哈得孙河交相辉映。

长码头河岸公园是个特别的案例，它展示了如何利用景观来解决复杂的用地问题。2008年的时候，这个项目不仅面临着经济萧条的大环境，并因此导致其中的一个酒店开发项目最终流产，而且还要去积极解决哈得孙河每年的洪涝问题。因此，对这个项目来说，更新改造不能只依靠保护原有的东西，而是要将原有的混凝土板进行新的利用，作为铺装的基本材料，或者沿着原来的铁路线来规划新的道路。植物的选择更加重要，目标是让用地形成一种可持续的形态，来面对复杂的环境条件和社会条件。正如2015年美国景观设计师协会评委会所说，“该项目与哈得孙河完美融合，既符合成本效益，又在细节上做得很好。它打造了宏观的景观环境，同时，设计师也营造了舒适的休闲空间。”更进一步来说，成功的更新改造项目应该不只是涉及保护历史，而是要去处理当下的问题，并且拥有适应未来的能力。

做城市景观更新类项目，最重要的是什么？

我认为最重要的是项目用地的既有条件和周围环境。对更新改造项目来说，肯定逃不开用地复杂的背景这个问题，包括环境背景、社会背景和历史背景。一个项目的启动应该建立在对周围环境充分掌握的基础上，而不能去试图避开这个问题。

有没有什么人曾经深刻地影响到您对城市环境更新设计的理解？您对这类公共环境的期望是什么？

我的老师加里·希尔德布兰德，也是我现在在里德+希尔德布兰德景观事务所的老板。他带给我的启发是一个非常重要的理念，那就是：关注城市景观的使用寿命。对这一点的关注总会让我们对设计的方方面面都全力以赴，从细节的雕琢到材料的选择，从协调施工的过程到未来的维护方法。他认为设计的关注点不应该只放在视觉可见的美观问题上；外观上看不见的也要关注，比如土壤、地下结构、排水设施等。景观设计师有责任去探索并展现地下的复杂情况，让公众去认识城市景观真正意义上的可持续性。马萨诸塞州波士顿的中央码头广场（Central Wharf Plaza），就是这类设计的一个很好的例子，使用了“结构土壤”、复杂的管线体系和通气设计，作为整个广场的基础，让树根能在地下自由伸展。这样的设计与希尔德布兰德的理念不谋而合，关注景观在复杂城市环境下的生存。从我的角度来说，这样的理念对于城市有更重要的意义，尽管大多数景观设计师的关注点是它所带来的景观设计的新形态和新的材料构成。

更新重建类项目有哪些限制？设计这类项目您会用哪些策略？

一个项目的所有限制条件，都能变成设计的机遇。更加不可控制的因素来自公众的解读。现在，与公众分享信息变得更容易了，这时设计师就尤其要小心。这也是我强调沟通交流的原因。即：在设计的过程中让公众随时能了解最新信息。尤其是公共环境类的项目，委托方、设计方、当地居民以及环境未来的使用者之间如何实现透明的沟通，这是在做出最后的设计决策之前就应该想好的，这也应该被视为不同文化背景下设计的一条通用法则，不论这类沟通的实现面临多大的障碍。这应该是景观设计师的一种责任，这也是像奥姆斯特德这样的早期景观设计师给我们的启发。

近年来有哪些您感兴趣的项目？

如今，美丽的景观项目随处可见。正如我前面数次提到的，现在信息分享比从前容易得多。但是，项目仍然可能是在图片上看起来美轮美奂，但实际上却是失败的。我更愿意看到那样的项目：给人的第一印象是它原创性的理念，但仍然保有景观和园艺上精致的细节和手工技艺的传统。能够设计、建造像纽约中央公园和“绿宝石项链”公园那样能够存在几个世纪的经典项目，是每个景观设计师最渴望看到的结果。这应该是值得在我们这个行业中推广的一个理念。

最后，回顾您的设计生涯，您对有意踏入景观设计行业的年轻人有什么建议？

我想借用美国知名景观设计师凯瑟琳·古斯塔夫森（Kathryn Gustafson）在哈佛大学的一次演讲中的话，作为一条一般性建议：*“突然冒出来的想法是很危险的；你要去寻找想法。”*

作为针对更新改造设计的建议，我想简单强调一点：低调设计，尊重环境。年轻设计师，也包括我自己，很容易被那些成果即时可见的设计所吸引，却忽视了项目长远的影响和可持续性。针对这种情况，过去的项目（至少有10年历史）可以作为研究借鉴的范本，我们可以思考其中的设计意图和创意在今天是否依然有价值，在当今的背景条件下重新发掘那些设计的意义。进行这样的探索有助于挖掘设计思考中的真正价值。我不是在简单地否决创新的必要性，而是在强调设计原则对环境营造的重要性——近来这一点被视为是次要的，而我认为，这能够帮助我们为任何类型的景观设计建立坚实的基础，不只是更新改造类项目。

景观与城市更新

——访澳派景观设计工作室亚洲区总监贝龙

活力、安全、绿色、健康，这是世界上大部分城市希望创建的生活环境。在您看来，城市应该如何为市民创造最佳的居住环境？

创造宜居的城市环境，首先要在“城市”这一维度上去理解、规划和控制城市的开发，城市规划和设计的策略要有严格的管理和指导方针，符合“创建宜居城市”的终极目标。综合性可持续开发策略是在多种维度上规划和影响城市开发的关键。这种策略必须是真正致力于绿色城市开发，关注环境、碳排放和可持续性。

城市设计的指导方针可以平衡往往由经济主导的开发市场。我们应该更关注社区环境和城市环境的长远建设。每个开发项目都应该营造出一个公共空间，这个空间关注的应该是人，而不是物。现在，互动式数字设计已经很普遍，我们不能低估以人为导向的环境的重要性——在这样的环境中，社区居民会更有凝聚力，形成他们共有的社区文化。城市的公共空间应该是以人为导向的，因为它是我们的生活上演的舞台。

澳派景观设计工作室的设计宗旨是：打造人们希望停留的环境。我们设计以人为导向的环境，满足来自社区和环境的各类复杂的需求。以人为导向的环境让人更愿意长久地停留，正因如此，也带给环境更多人气和活力，有助于拉动当地经济，形成长远的影响。

据说现在世界上一半的人口生活在城市，也就是说，世界的一半是城市环境。景观设计在城市环境更新中应该扮演怎样的角色？

景观设计应该根据一个城市的市民的特定的文化、环境和社会需求来打造。如果没有经过良好规划的城市景观，我们的城市会是碎片化的，而不是一个完整的整体。因此，景观设计在城市环境的开发和更新中所起到的作用，从未像现在这样重要。今天的城市景观已经不仅仅

贝龙
澳派景观设计工作室亚洲区总监

作为澳派景观设计工作室亚洲区总监，贝龙先生（Stephen Buckle）是一名极富激情、创意的知名国际景观设计大师，他的作品以极具创意的现代设计风格、对自由思想和对细节处理得完美追求而著称。

贝龙先生善于创新、追求完美，在工作中他不断尝试将景观设计、艺术和城市设计相互融合，其作品给人以独特、印象深刻的体验。

贝龙先生的作品饱含了现代设计哲学，每一个作品都十分独特，设计灵感都来源于他对当地人文、环境、气候和地质地貌的感知，因此每个设计不仅凸显了项目的独特魅力，也体现出他敢于挑战如今传统刻板设计的创新精神。

是视觉美观的要求了。城市景观更新需要进行良好的规划，不仅要充分尊重过去的历史，结合当前的需求，还要为未来的可持续发展奠定基础。

如何在保持原有地形和历史风貌的基础上开展景观设计？

原有环境特色的保护不应该只局限在地形和历史风貌上。作为设计师，我们应该发现所有的既定环境元素，并且思考如何将其融入设计，使之影响或支持我们最终的设计。

设计师的任务是去理解和考虑所有的因素，让设计满足所有要求，同时，努力达到让社会和环境双赢的最佳效果。

当我们开始着手一个项目的设计，如果条件允许我们保留用地上的既定元素或特色，那么，我们就需要有足够的时间来了解用地及其独特性所在。你可以亲自到用地上走一走，看看有哪些既有元素和历史元素，评估一下哪些有保留的必要和价值。另外，设计师去亲身体验用地环境，在一天之中不同的时段，在不同的季节，甚至在不同的年份，用眼睛去看，用心去感受它的独特性，这能给设计师的思考带来更多的维度。

在“上海梦中心”这个地标式项目中，您如何做到将既有元素融入新的设计？

上海梦中心位于西岸滨江区，这里有它独特的历史和故事。用地从前是上海最大的混凝土工厂聚集地。委托客户有三方：香港兰桂坊、美国梦工厂动画公司（DreamWorks Animation）和上海华人文化产业投资基金会。这个开发项目的目标是打造地标式环境，不仅是上海的地标，也是国际舞台上的地标，成为全球文娱休闲胜地。

项目用地上原有的工业建筑、混凝土处理设施、滨江码头和浮桥等，都是满足过去日常功能所需的设施。设计团队对这些独特的元素进行了最大化地利用，让用地环境呈现出历史与现代的奇妙结合。这意味着，我们在文化娱乐项目的框架之下，赋予了项目一些新的功能，让环境的规划兼顾当地居民和游客的需求。

从考虑保留既有元素和特色，到将其融入新的设计，景观设计实现了利用预制混凝土和回收的铺装材料、改造带有强烈工业特色的历史建筑和元素，来回应当地历史，这也成为我们的设计语言中一个重要的部分。

做城市景观更新类项目，最重要的是什么？

在我看来，城市景观更新设计最重要的原则就是：要为从前荒废的或者不起眼的地方注入新的生命。如何注入新的生命？答案是：新的生命来自人。关注社区文化和社区居民的需求，这对设计至关重要。以人为导向的设计能够保证城市景观更新项目的长远成功。

最后，回顾您几十年的设计生涯，您对有意踏入景观设计行业的年轻人有什么建议？

首先要认清，景观设计师这个职业有很多方向。不要轻易选择哪个方向，你得跟这个职业接触足够长的时间，才能了解它涉及的范围之广，这里面有景观规划、生态设计、城市设计、现场施工、项目管理、历史古迹的处理、园艺设计，等等。了解之后，根据你的个人兴趣，再做选择。有兴趣才有激情，而激情尤为重要！它是确保你未来真正全心投入工作的基础。

我们所做的工作的方方面面，全都是致力于自然环境与建筑环境的保护和更新改造。我们的设计会影响到环境以及生活于其中的人们，因此，我们肩上有一种责任。

景观设计是一项事业，而不仅仅是一份工作。你即将踏入的这个行业，需要你的激情、责任和奉献。希望你们把全身心的投入献给它。

路易斯·保罗·康泰海滨步行道

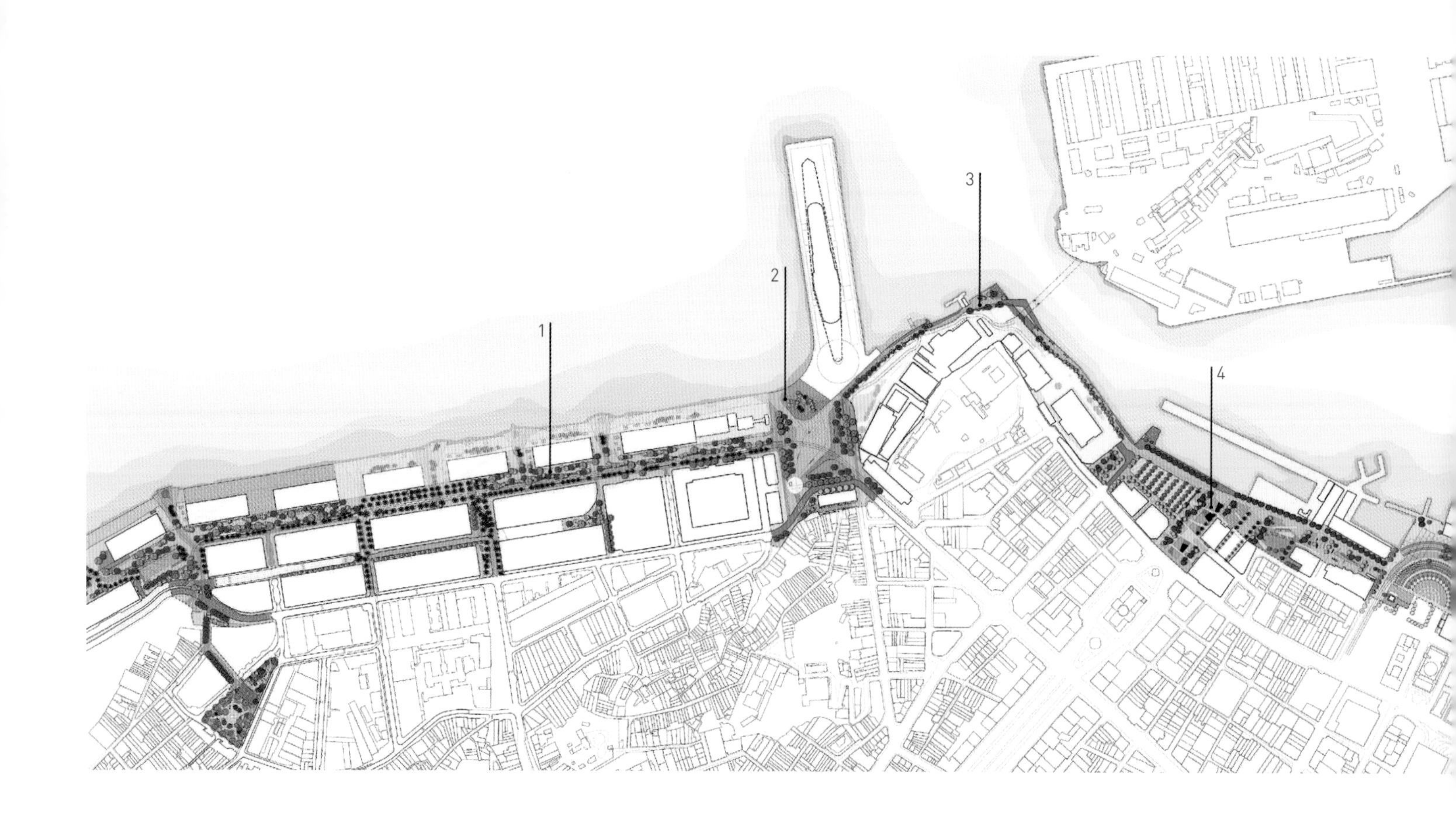

项目地点
巴西
竣工日期
2016年
景观设计
B+ABR 贝克霍伊泽尔·e·里埃拉建筑设计院
面积
252,000平方米
摄影
米格尔·萨，安德烈·桑切斯，弗朗西斯·费古尔雷多，波多诺夫/普瑞非图瓦
使用材料
花岗岩地面：灰，安多里尼亚火烧面及荔枝面/黑，圣加布里埃尔火烧面/黄，装饰火烧面及荔枝面/米色，伊帕内马火烧面

奥拉康泰（Orla Conde）海滨步行道隶属于里约热内卢中心和港口城市改造与重建的一部分，源于波尔图·马拉韦拉（Porto Maravilha）城市规划。该规划的主要目的是“通过对地区公共空间的扩张、结合和再确认来促进当地的重建，以改善居住环境，促进该地区环境和社会经济的可持续发展。”

拆除高架桥被定义为波尔图·马拉韦拉地区所进行的主要干预之一。该桥建于20世纪60年代。抬升的桥体划开了城市肌理，给整个港口区域的景观产生很大的负面影响，打破了场地和相邻的瓜纳巴拉湾（Baía de Guanabara）的联系。过去20年间，此处一片破败，港口区不得不严肃对待问题，恢复健康形象。2014年间，拆除高架桥，这不仅使景色焕然一新，还将里约被破坏的景观和被遗忘的空间重新归还给这座城市，无形之中把海滨周围的空间纳入了城市和人行交通系统。

过去50年间这里一直被视作一片堕落的无人问津的工业区，一处“非场所”，奥拉康泰这处大约250,000平方米区域的重建，使港口地区再次充满活力，也再次成为市中心。奥拉康泰以公民/行人为关注点，建立了一个新的范式，把一座行车优于行人的城市形象彻底扭转。

这个项目使得不同的运输手段有组织地共存（电车、自行车、机动车和其他一些运输方式），形成休闲

总平面图

1. 奥林匹克大道
2. 毛阿广场
3. 第一海军区
4. 坎德拉里亚人行道
5. 米塞里科迪亚广场

奥林匹克大道：一条可以行走的轴线

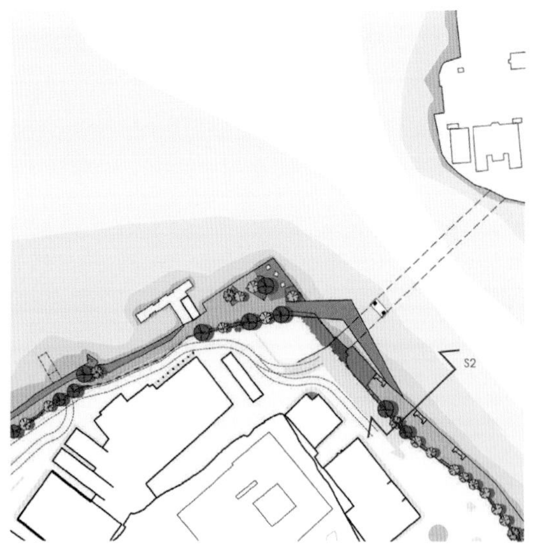

第一海军区

坎德拉里亚纪念长廊

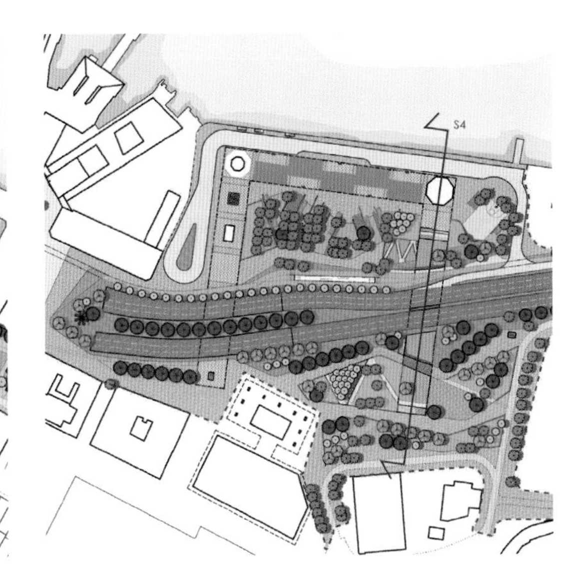

米塞里科迪亚广场

区和娱乐区，向游人揭开了海边景观和历史建筑的面纱。海滨长廊（Waterfront Promenade）项目规划地文化丰富，历史悠久，景色迷人。项目试图将城市建设和瓜纳巴拉湾集成为一体。同时给未来出现在波尔图中心区振兴过程中涌现的城市活动和新功能提供支持。拟议的干预措施创造了一个有能力重组这一新的港口区域的城市空间，非但如此，它还可以拯救人们的记忆，并促进城市与瓜纳巴拉湾的新关系。

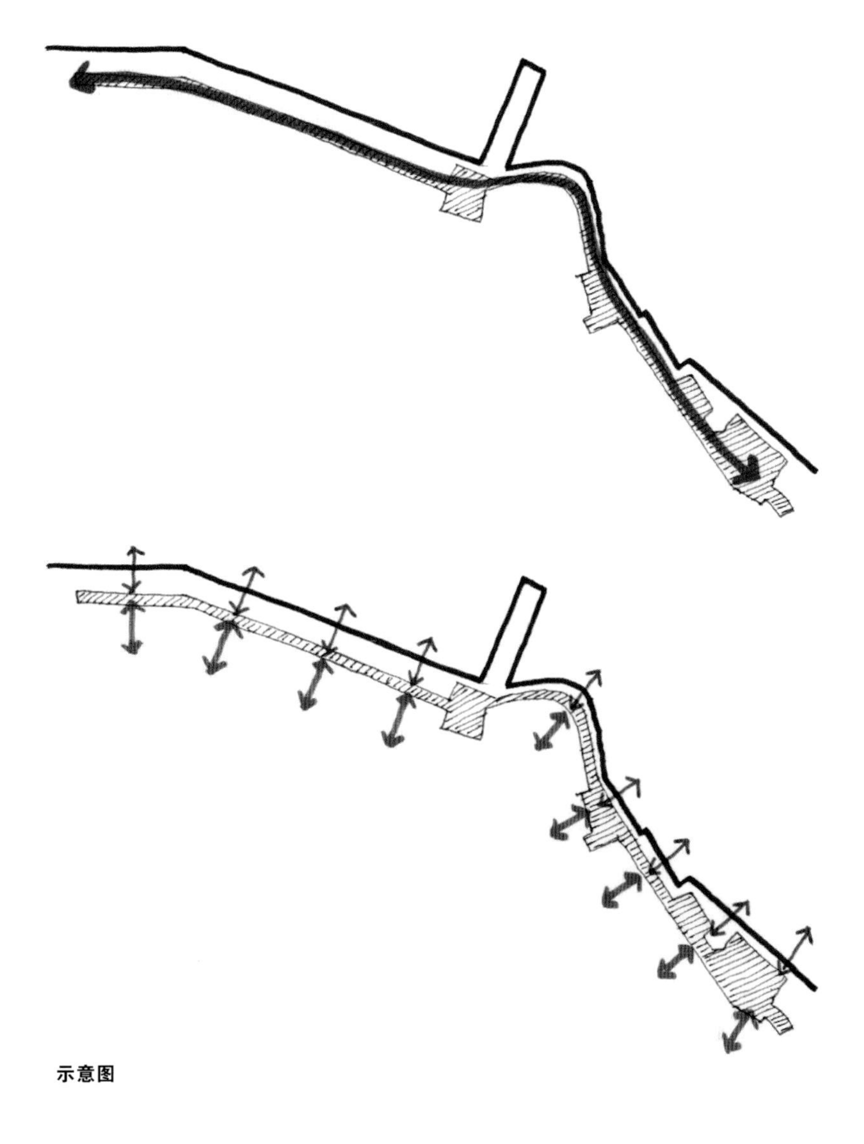

示意图

坎德拉里亚纵向剖面图

米塞里科迪亚纵向立面图

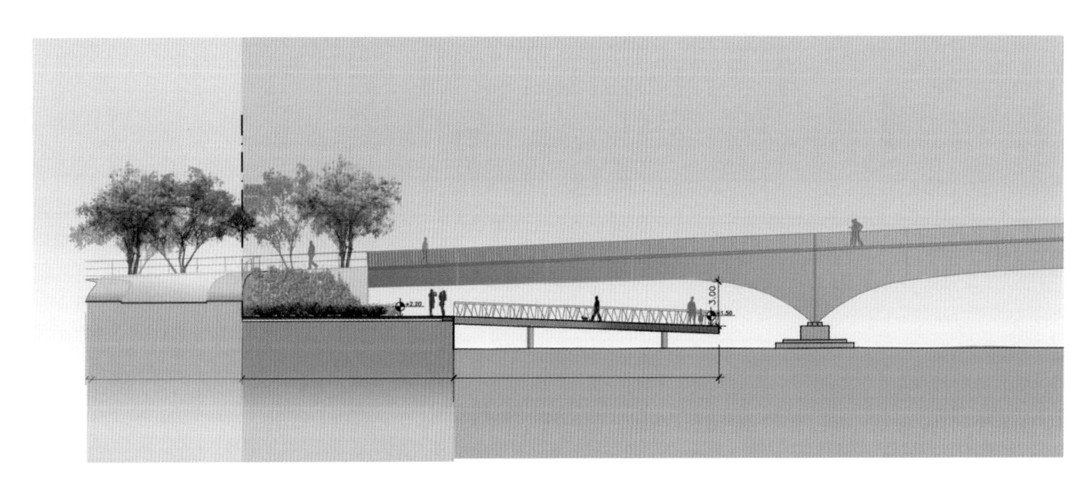

第一海军区立面图

奥林匹克大道横向立面图

ARMAZÉMDAUTOPIA
6
10:28

VERÃO
NÃO ACABA
NOEL ROSA
105

阳光港河苑公园

项目地点
英国，威勒尔
景观设计
Gillespies 景观建筑事务所
摄影
吉尔斯·罗切尔
竣工日期
2014 年
客户
土地信托
获得奖项
2016 年皇家特许测量员协会奖——复活奖，优秀奖
2016 年企业绿色领袖奖：生态系统项目年——优秀奖

原为封闭的垃圾填埋场，现为 30 公顷的野生动物避难所和社区公园。阳光港河苑公园海拔 37 米，在此可以很好地欣赏默西和威勒尔河口，曲折蜿蜒的小径长达约 3 英里。

阳光港河苑公园位于布朗巴勒码头海滨的位置，这里之前是一垃圾填埋场。隶属于默西海岸线的一部分，现在已经变成野生动物避难所，一处受欢迎的社区和旅游热点。该公园于 2014 开放。它不仅提供了一处新的休闲目的地，还提供了一系列野餐地点、步行路线、风景、美丽的湿地和各种植物和动物。

新公园为欣赏利物浦和默西河河口提供了更广泛的视野，为当地社区提供了开放空间，并成为威勒尔沿海步道的枢纽。

坐落于毗邻阳光港和布朗巴勒的居住区，新建通道、改善通行和停车场等措施使当地人和游客一年四季均可随心所欲地参观公园。公园为社区提供了一个新的有价值的公共开放空间，也成为各种稀有鸟类的避难所。

国家土地管理慈善机构“土地信托基金会”的愿景是将曾经封闭的土地变成一个向公众开放的新公园。

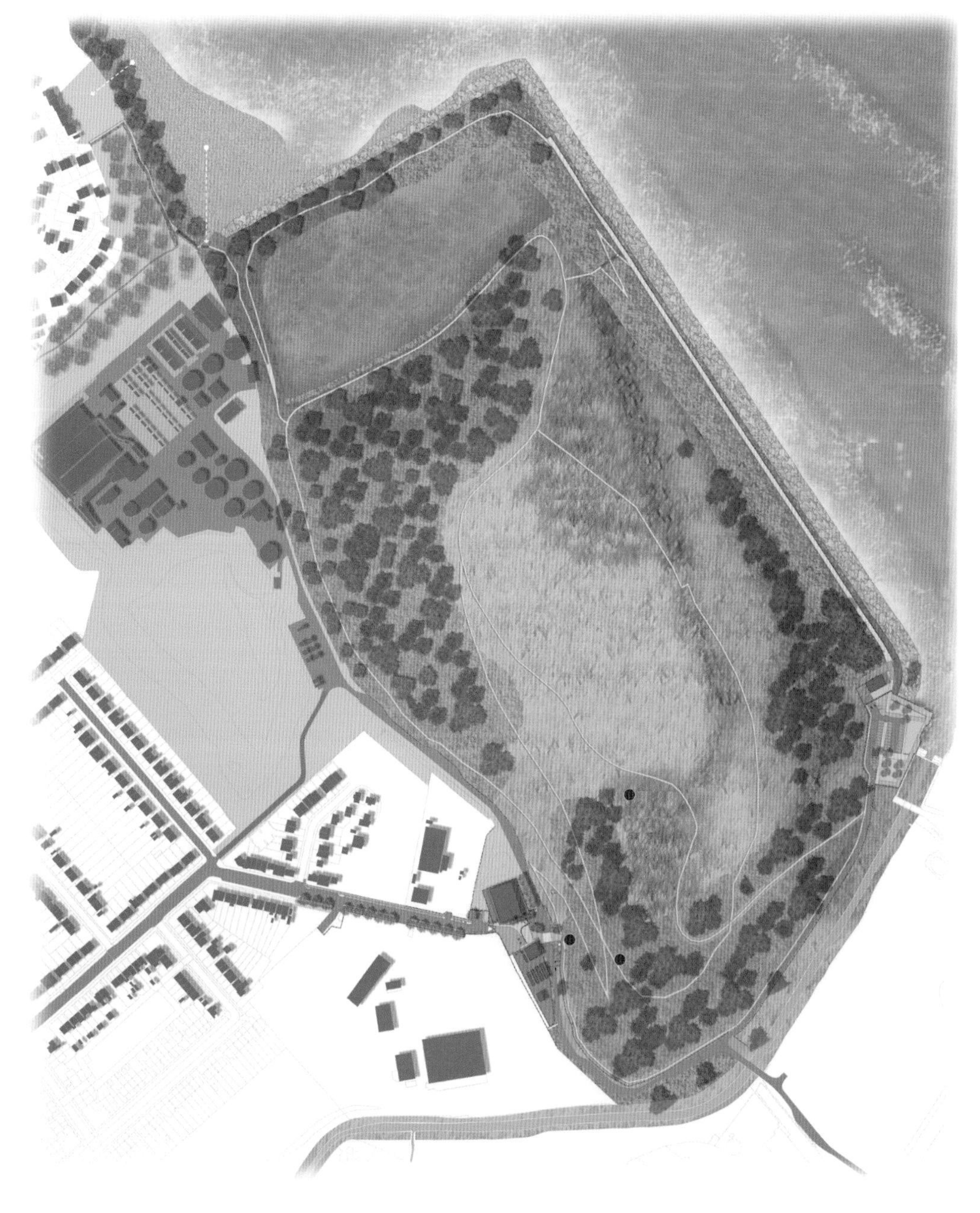

总平面图

PORTSUNLIGHT
ESTUARY VIEW
THE SUMMIT

Gillespies 公司的设计将重点放在亲近自然上，包含各种野生动物的栖息地，如野花步道和湿地。该项目特别关注湿地鸟类的需求和新林地的建设以及野花种植，包括改进一般的栖息地。新园区的建设推动此处从以前的工业基地转变成拥有多种类生物的场所。

在未来几年，阳光港河苑公园将改善当地社区的福祉，并必将成为一处深受游客喜爱的目的地。

Gillespies 景观建筑事务所景观建筑师沃伦・查普曼 (Warren Chapman) 的评论：

“新公园已经彻底改变了默西海岸的这一部分，为当地居民和游客提供了充满活力和吸引力的体验。现在阳光港河苑公园落成，大家可以看出设计特别重视亲近自然，修建了类如野花步道和湿地的野生动物栖息地。公园的设计为社区提供了一个新的休闲目的地，并提供了一处欣赏利物浦美景的绝佳场所。”

长码头河岸公园

项目地点
美国，纽约
景观设计
里德・希尔德布兰德事务所
摄影
詹姆斯・尤因

长码头河岸公园位于纽约市以北 60 英里，由一块后工业用地改造而成，集艺术、娱乐、环境教育于一体，让游客与哈德逊河及它的历史紧密联系在一起。河滩上原本有一处木质码头和铁轨，但在整个 20 世纪多未能善加利用，现在已被重新改造成比肯（Beacon）河岸一处有活力的、多样化的、有韧性的景观。现整治和生态修复已经完成 3 个阶段，并在可持续场地倡议（Sustainable Sites Initiative）中获得三星的评级。

场地历史，继往开来

纵观 20 世纪的大部分时期，人们对这一地块的使用越来越没有价值，从废弃的铁路线和渡轮码头到存放燃料和盐的场所，后又沦落为汽车垃圾场。20 年前，细心的环保主义者聚焦此地并着手进行整治。10 余年前，设计团队试图将其打造成为一个工作景观，恢复生态功能，并设置艺术装置展示河流的潮汐作用，为面临海平面上升以及愈加频繁的废弃河岸地区的开发提供了最好的借鉴。

驾驭自然，复原有序

向着广阔的哈德逊河口伸出 1000 英尺，该处立刻变为一处宁静的美景——毫无争议地成为夏夜河谷最引人入胜的场所之一。同时这座无遮无掩的半岛必须经受上游高达 100 英里流速的冲击。这一点颇具戏剧性:

总平面图

1. 移除受到污染的土壤
2. 石板铺装
3. 土地修复：草坪
4. 高地山坡
5. 溢流池
6. 防护堤
7. 渗流渠
8. 石板广场
9. 港口
10. 木板道
11. 乔治・特拉卡斯雕塑
12. 附加草坪
13. 高地拱壁
14. 潮区前池
15. 潮区湿地
16. 岩滩

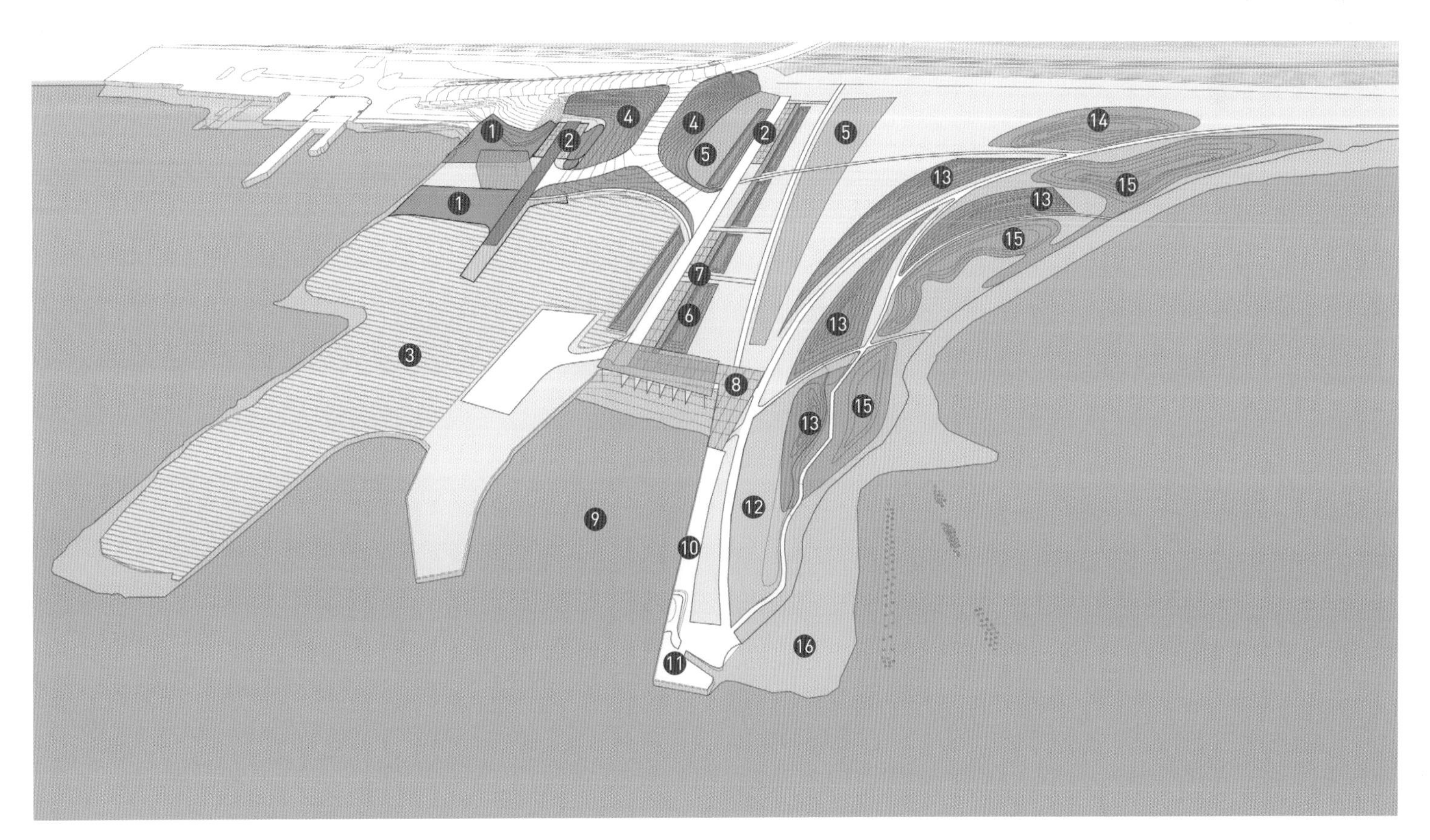

风暴潮定期淹没半岛；白日会出现海水涌流；而冬季的浮冰破坏力也很是惊人。所以设计的任务非常清晰：建立该地的应激功能，但要循序渐进——等资金筹措起来后，复原工作就可以有所进展。

在安静的港口的南端，“比肯角”（Beacon Point）的雕塑装置不仅具有互动性，更是加强了工程结构。通过大量的土方工程，原有退化的湿地被重新布置，优化集水、存水、净化、泄洪等生态功能；在草地和潮间带之间建立起清晰的分界；提高了海岸线的弧度；并在湿地和潮汐地之间形成亲切的、多样的空间。原本场地上成堆废弃的混凝土板被重新用于铺设停车场和皮划艇始发处的小广场。

循序渐进，美丽重现

长码头河岸公园花了近 10 年的时间规划，又花了差不多长的时间建设。工程的第一阶段包括铺路和特定场地艺术，于 2009 年向公众开放。第二阶段的修复包括在原长码头红色谷仓中修建一座艺术与环保教育中心，以及在河岸建造一座皮划艇存储和租赁站点。2011 年，建设工作正在进行时，受飓风艾琳的侵袭，场地被淹达数天，在湿地和尚未竣工的地形保护扶垛的作用下，公园经受住了严峻考验，并证明了自身

的价值。第三阶段的工作于 2014 年完成，直到去年夏天，本工程项目多方面的特点开始全面呈现：重新建造的平缓的河岸线，活力无限的皮划艇始发站，艺术中心，阡陌相连的小路，沼泽上的基础设施以及充满野性美的潮间带上的挡土扶垛。

培养韧性，功成名就

景观设计师主导设计工作，并协助指导工程实施。可持续场地倡议选择长码头公园作为其首批试点工程之一，并最终给予三星级公园的认证。设计团队同可持续场地倡议（SITES）密切合作，从生态、经济、社会可持续性等方面完善评估标准。正如 SITES 文件所述，长码头的故事是一部关于一个复杂而让人生惑的地点，如何依靠设计、决心和韧性，克服庞大的物理、时间以及经济等种种压力的史诗。

挽是县环境教育保护中心

项目地点
泰国，曼谷
景观设计
第三集团设计有限公司
摄影
第三集团设计有限公司摄影部
客户
曼谷市政府
面积
19,200 平方米
获奖
2015 年泰国景观设计师协会总设计院最佳设计奖

该项目的设计风格努力与周边环境的风格保持一致。主体建筑共二层，还有一个地下污水处理厂(WWTP)设备(10米×100米×150米大小)。建筑分为两面：一面是商业面，对着公园，似瀑布一般；另一面是写字楼面，对着甘烹碧府2路和高架高速公路。

环境教育保护中心项目着重于环境教育，特别是水生植物和生态保护中心，旨在教育游客保护环境，提高游客对环境资源重要性的认识。因此，该项目一方面要做到保护环境，另一方面又要整合和促进城市环境的活跃。面对公园的商业面有条 100 米长的瀑布，利用的是地下污水处理厂先进的处理工艺处理的再生水。

主要景观区域在现有水库的基础上建造。这是一个浮动的水生植物研究中心，也是个根据生境和植物群来展示水生植物的开放式水上花园，很有教育意义。它不仅为各种水生植物提供了私密空间，同时也是皇室项目特别区域案例之一。

这个花园还能用作环保活动区，户外休息区，娱乐休闲区，甚至举办音乐会，特色很鲜明。在漂浮的木栈道上，所有的客人不仅可以行走，还能学到知识，感受快乐。景观的所有功能、特点和元素具有很强的灵动性，把技术、郁郁葱葱的城市环境和人类的需求融合在一起。

总平面图

1. 观赏性瀑布
2. 服务通道
3. 主步道与自行车道
4. 展示性水生植物
5. 展厅与废水处理厂
6. 展厅主入口
7. 多功能接待台
8. 水生植物
9. 木桥（从水生植物学习区到原红树林苹果树）
10. 棚架
11. 桥梁（从水生植物学习区到主绿地）
12. 主入口
13. 水生植物学习区木板道

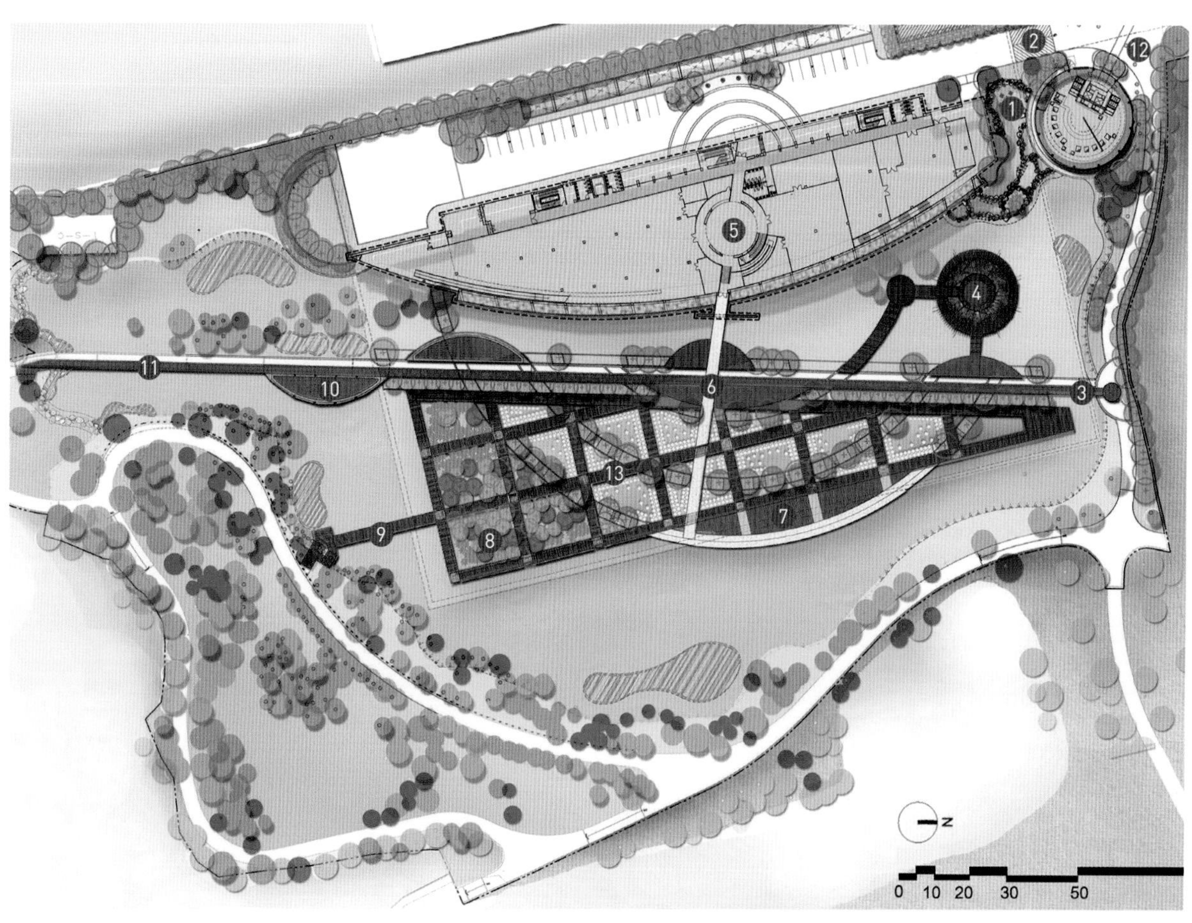

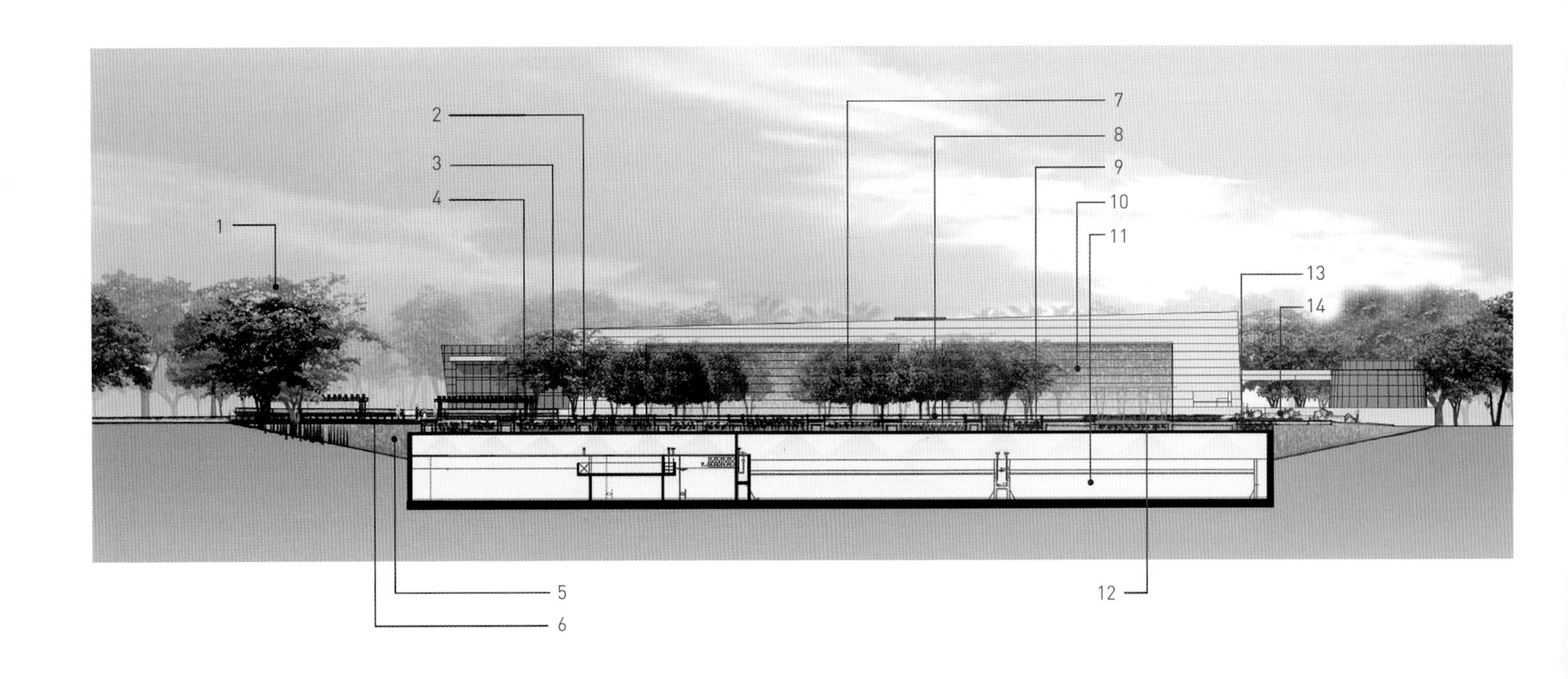
1
2
3
4
5
6
7
8
9
10
11
12
13
14

剖面图

1. 原植物群
2. 主要通道（带护栏）
3. 水生植物展示区
4. 棚架
5. 原有水池
6. 桥梁（从主步道到自行车道）
7. 主要植物展览区
8. 展厅主入口
9. 水生植物展示区
10. 瀑布
11. 废水处理池
12. 水生植物展示区
13. 步道与自行车道
14. 观赏性瀑布

该工程是东南亚地区废水治理工程的第一个试点项目，也是之后项目的建设典范，它不仅满足了城市社区的需要，而且遵守生态环境的建设原则。该项目在 2015 年被泰国景观设计师协会授予总设计院最佳设计奖。

改造前

改造后

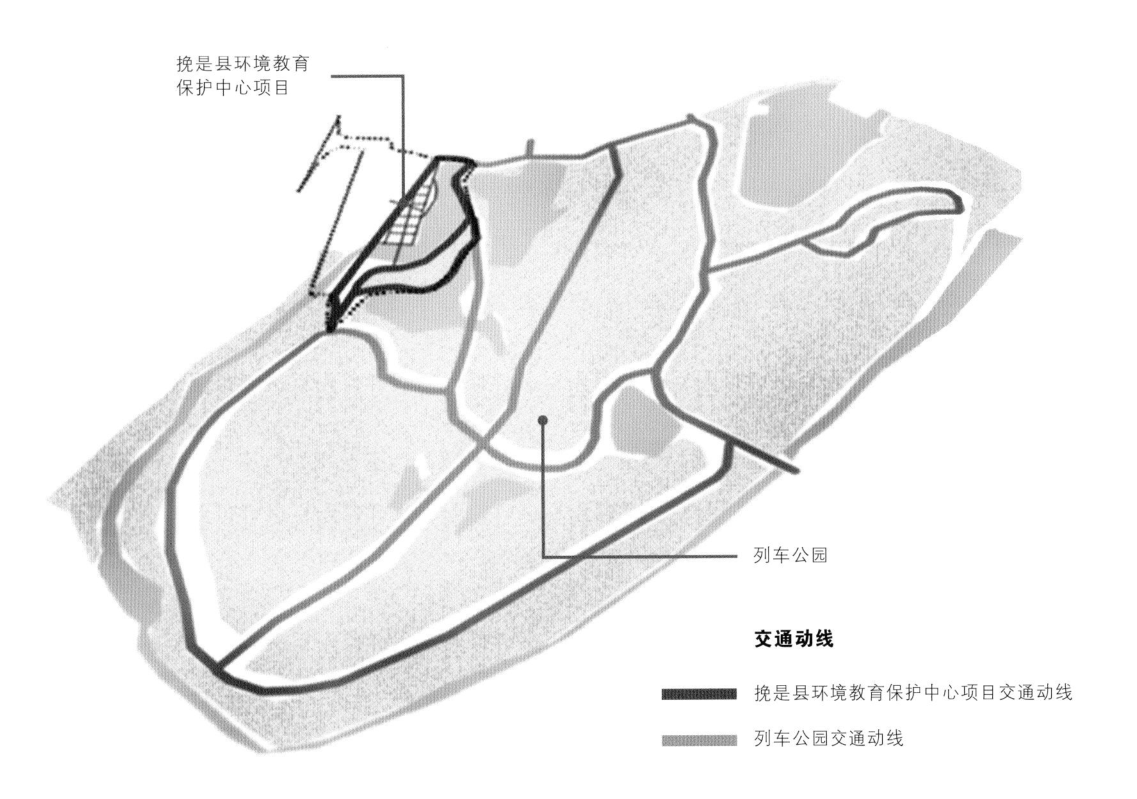
挽是县环境教育
保护中心项目
列车公园
交通动线
挽是县环境教育保护中心项目交通动线
列车公园交通动线

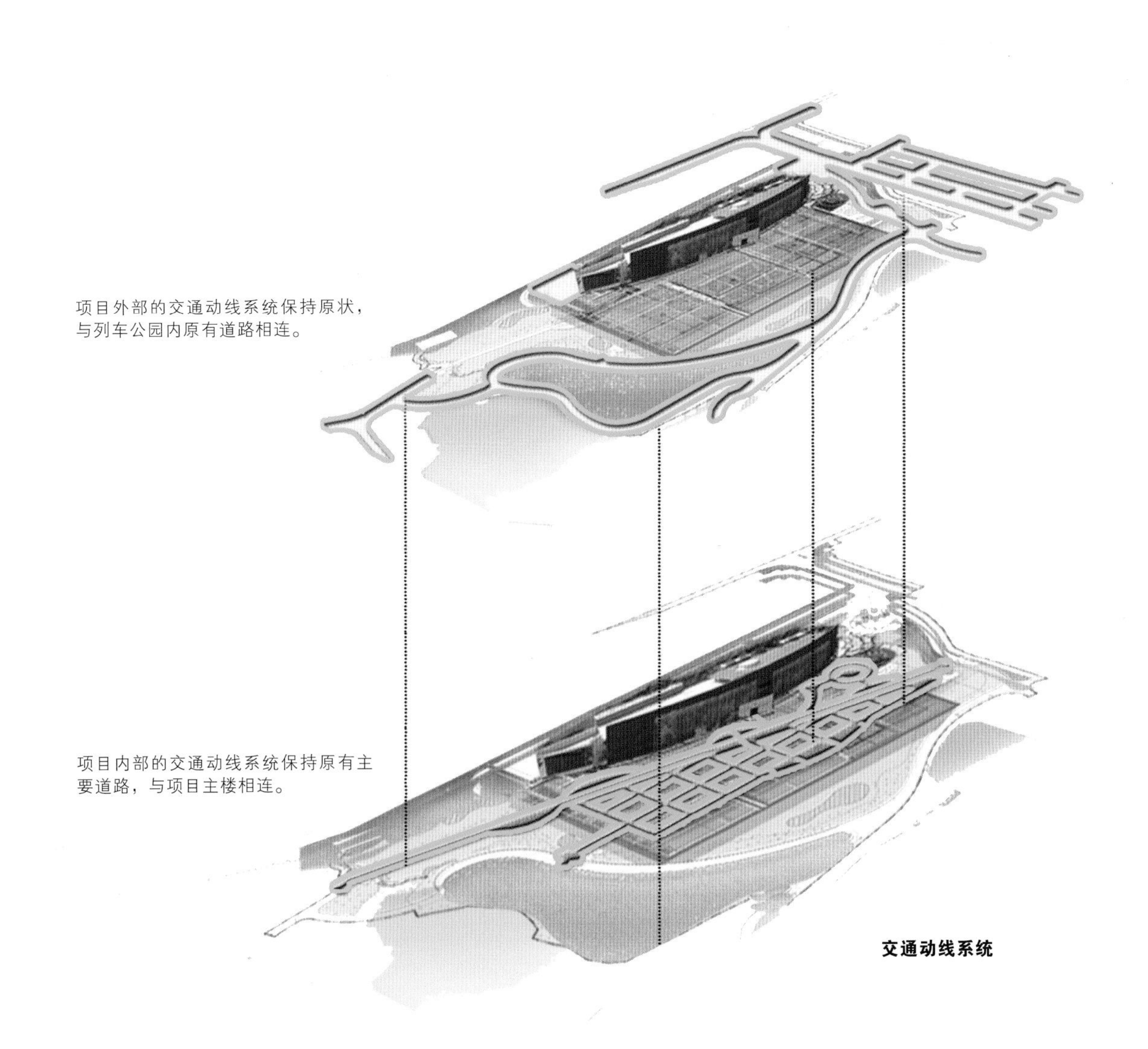
项目外部的交通动线系统保持原状，
与列车公园内原有道路相连。
项目内部的交通动线系统保持原有主
要道路，与项目主楼相连。

交通动线系统

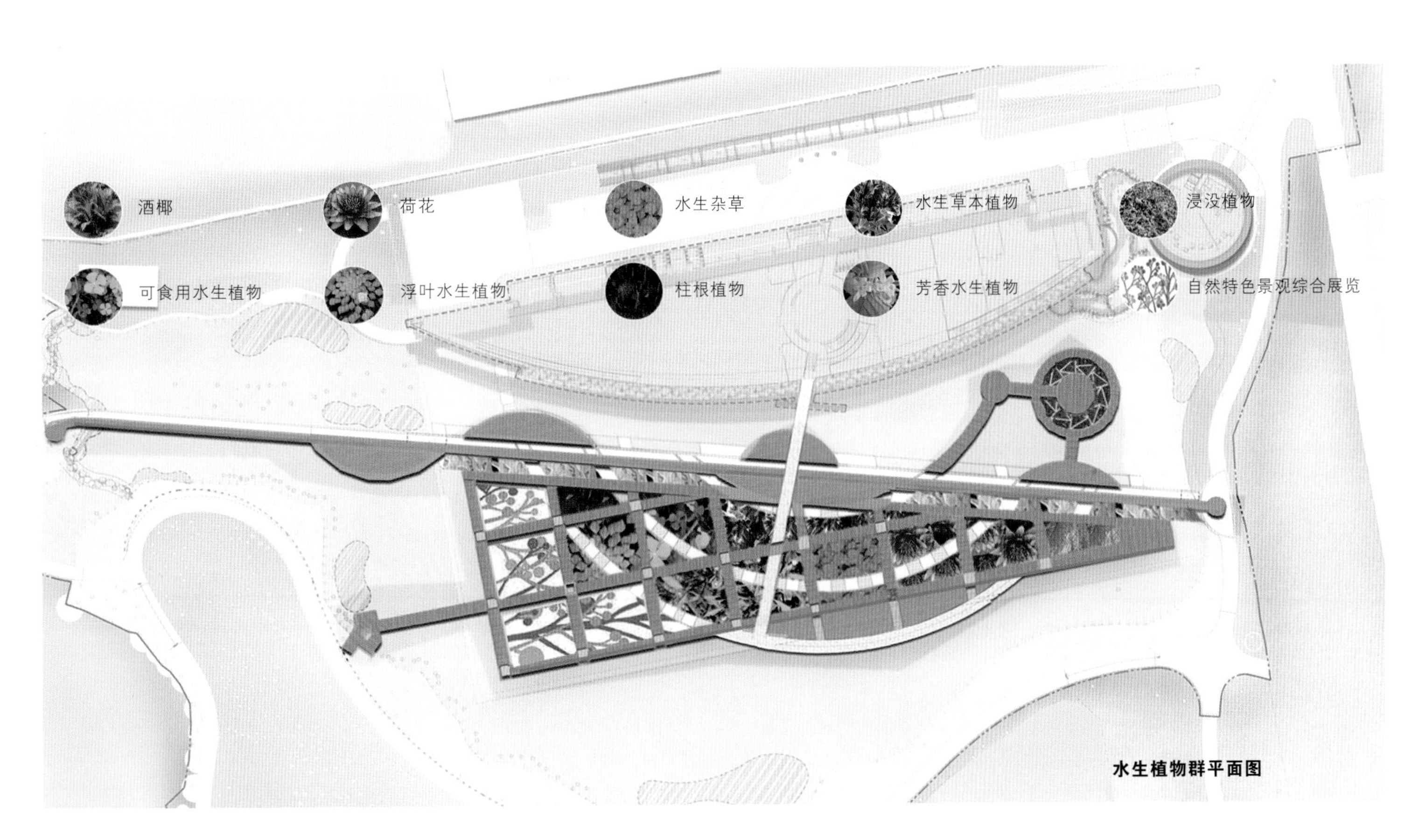
酒椰
荷花
水生杂草
水生草本植物
浸没植物
可食用水生植物
浮叶水生植物
柱根植物
芳香水生植物
自然特色景观综合展览

水生植物群平面图

卡瓦略岬酒店

项目地点
美国，加利佛尼亚州
景观设计
谢丽尔巴顿事务所
摄影
玛丽恩布伦纳，谢丽尔巴顿事务所
面积
40英亩
奖项
2015年国家地理／柏林国际旅游展览会世界遗产地方风情奖

卡瓦略岬酒店是一个都市养生和全球会议中心，距三藩市中心仅需30分钟车程。类似贝克堡陆军基地改造成卡瓦略岬酒店这种“后现代公园”模式显示出当代设计和文化景观复兴之间不仅具有可持续性，而且具有强大的关联性。这座40英亩的国家地标区域的适应性再利用不仅创立了一处最先进的会议中心，恢复了濒临灭绝的栖息地，更是重建了27英亩的公共开放空间，可谓一举多得。

此处原是一处军事前哨，具有极简性和实用性特点，景观设计则巧妙地将其改造成适合人类的舒适场所。相连的小路、美景、就餐平台、火坑和活动椅为聚会和冥想创造了空间。清除繁生树木使人们可以远眺金门大桥、旧金山湾和旧金山湾市区。可以说，百年来，该处与这些场所一直处于两个不同的世界。

网球场被重新利用起来举办赛事，长方形的草坪镶板由宽阔的砾石断层区组成，显示出它以前的用途。最大的转变是恢复了当地的沿海灌木栖息地，即58000种从卡瓦略岬地区采集的种子。现在的客人居住场所极具感官和教育体验，带有浓厚的乡土景观气息。

因为采用低影响开发策略，如透水地面，自我适应能力强的本地耐旱植物和分散的雨水渗透区，景观系统可以减少50%水使用。对耐旱草进行3年的试验研究后，在具有地标意义的1938年的阅兵场上栽种

总平面图

了适合的种子类型。古朴的蒙特雷松柏防风林的恢复，有效地保护了观景廊道，并降低了海风速度，给游客带来热舒适度。在休闲广场中心地带新建了步行区，而新路系统把聚集区和楼房以及类似阅兵场、古城墙、排水渠这样的文化景观元素连同城区、湾区和金门大桥的美景更好地结合起来，加强了人与自然的融合。

该项目获得了美国 LEED 绿色建筑认证金奖，这在很大程度上要归因于绿色基础设施战略。这也是景观建筑基金会进行的行为主义案例研究系列的一部分。卡瓦略岬还获得了 2015 年国家地理杂志的世界遗产“地方风情”奖——这是北美洲迄今唯一一次获得该奖项。

梅宁吉湖滨栖息地修复项目

总平面图

项目地点
南澳大利亚州，梅宁吉
竣工时间
2013 年
摄影
唐·布莱斯
景观设计
澳派景观设计工作室
客户
环境、水及自然资源部门
奖项
2013 年澳大利亚景观设计师协会南澳大利亚奖 - 景观设计奖
2013 年澳大利亚景观设计师协会南澳大利亚奖 - 人民选择奖（设计）

梅宁吉湖滨栖息地修复项目是政府资助的众多项目之一，旨在改善当地动植物栖息地环境，并为库隆、洛尔湖区及穆理河口区域增加社会资产，增强社区意识。政府在 2009 年宣布开始此项目，当时正值旱季，特别是洛尔湖区和艾伯特湖的水位已降至历史最低点，该地的盐度数值表明当地已经脆弱的环境正处于严重危机当中。

受环境、水和自然资源部门的委托，澳派景观设计工作室负责项目设计和基地基础设施施工监督工作，而基础设施则包含了 2 个观景平台、1 个鸟瞰台及沙滩固化座椅。我们通过整合已带有标识和座椅的说明性步道，引导前滩的游客，展示当地的欧洲风韵、地方特色及环境历史。

此项目的设计任务书重点在于确保近期施工项目持久耐用，在此前提下，澳派工作室提出结合基地遗留下来的特点，如水体边缘、蜿蜒曲折的步道以及小型的栖息地。为了恢复保护区周边的临湖植被，我们特意将观景台设计的低矮且隐秘，并将其与周边湖水边缘衔接。同时，在材料选择上我们也坚持简洁原则，选取复合型木材、钢板和混凝土，确保满足设计任务书中持久耐用的要求。此外，在与工程方 FMG 紧密合作下，我们成功确保所有应用元素设计寿命长达百年之久。此外，说明性标志牌的设计不仅宣传了一种人类介入自然的全新形式和特色，并且为游客提供了当地动植物信息。

梅宁吉的人们和游客可以来到这个小镇，欣赏前滩保护区的全新面貌，在水边漫步，沉浸在临湖栖息地的独特魅力之中。

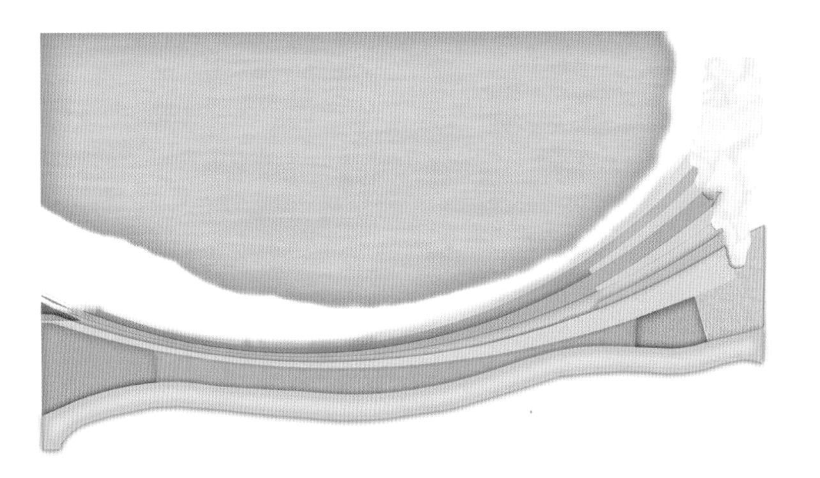

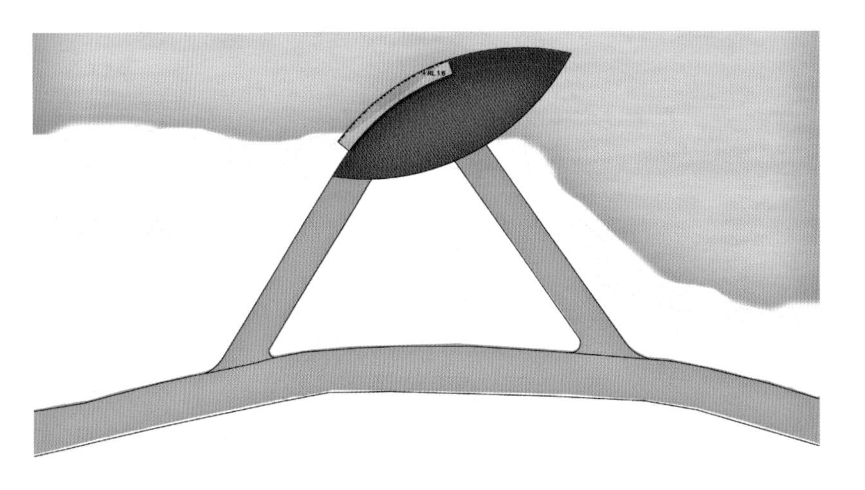

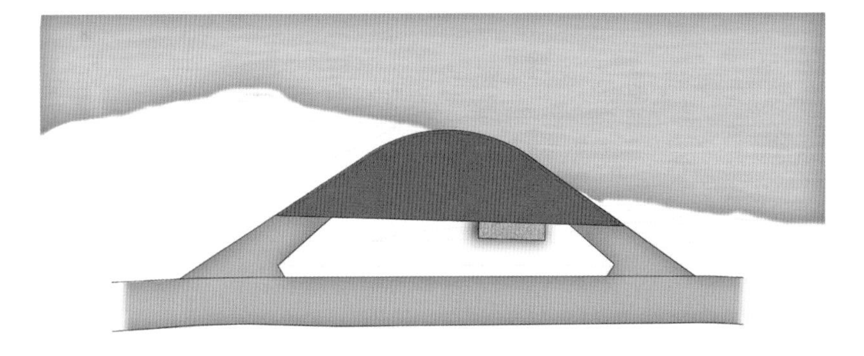

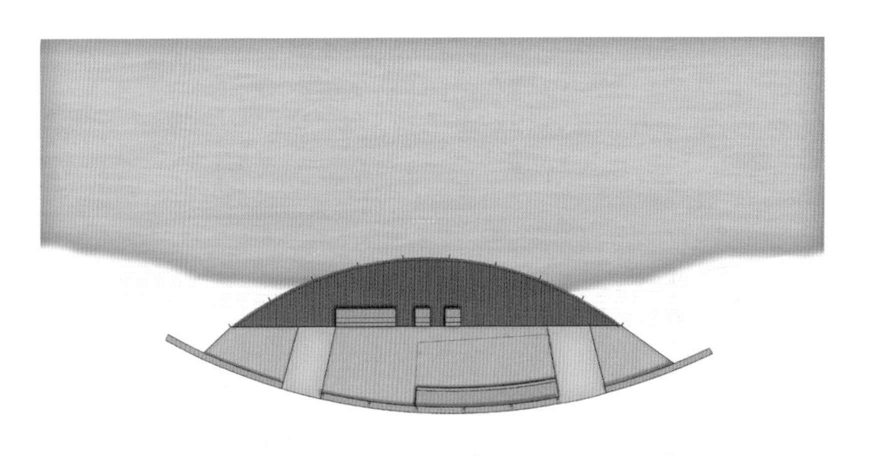

Australian darter
Great egret
Ardea alba
Black swan

奥尔登霍夫公园

项目地点
荷兰，洪斯布鲁克
景观设计
B+B 城市化与景观建筑局、Buitenom 公司
竣工日期
2016 年
面积
6.2 公顷
摄影
弗兰克·汉斯韦克

有时候，人口下降具有积极的影响：在洪斯布鲁克，空置的建筑物被一个新公园取代。在转型过程中，当地居民发挥了关键作用。其结果既有社会性又有可持续性。

变化

洪斯布鲁克属于处于衰退阶段的区域。这座城市的人口逐渐减少，所以在距离市中心比较近的一些公寓大楼和一所学校空了出来。拆除楼房为奥尔登霍夫公园的发展打下了基础。该公园的设立顿时吸引了人们的注意。这里之前是一个居民区，慢慢地变成了一个停车场，现在这里成了热闹的公园。在改造期间，这里举办了多个活动，吸引了大批居民来到这里，增强了人们对此处的认知。

参与

奥尔登霍夫公园是为了当地居民而修建，同时也依赖居民而建。在项目伊始，邻里乡亲就参与工作坊的活动。当地居民的想法与愿望和公司设计有机融合，“绿色和乡村”成了关键词。在改造的过程中，Buitenom 公司组织了几次活动。邻居们制作五颜六色的风向标，把它们挂在公园的柱子上。建了一家蜜蜂旅馆，小学生们则种了树。所有活动都有助于社会和谐共生和可持续发展。居民们对城镇的这一部分出力出谋，他们为此感到自豪。

总平面图

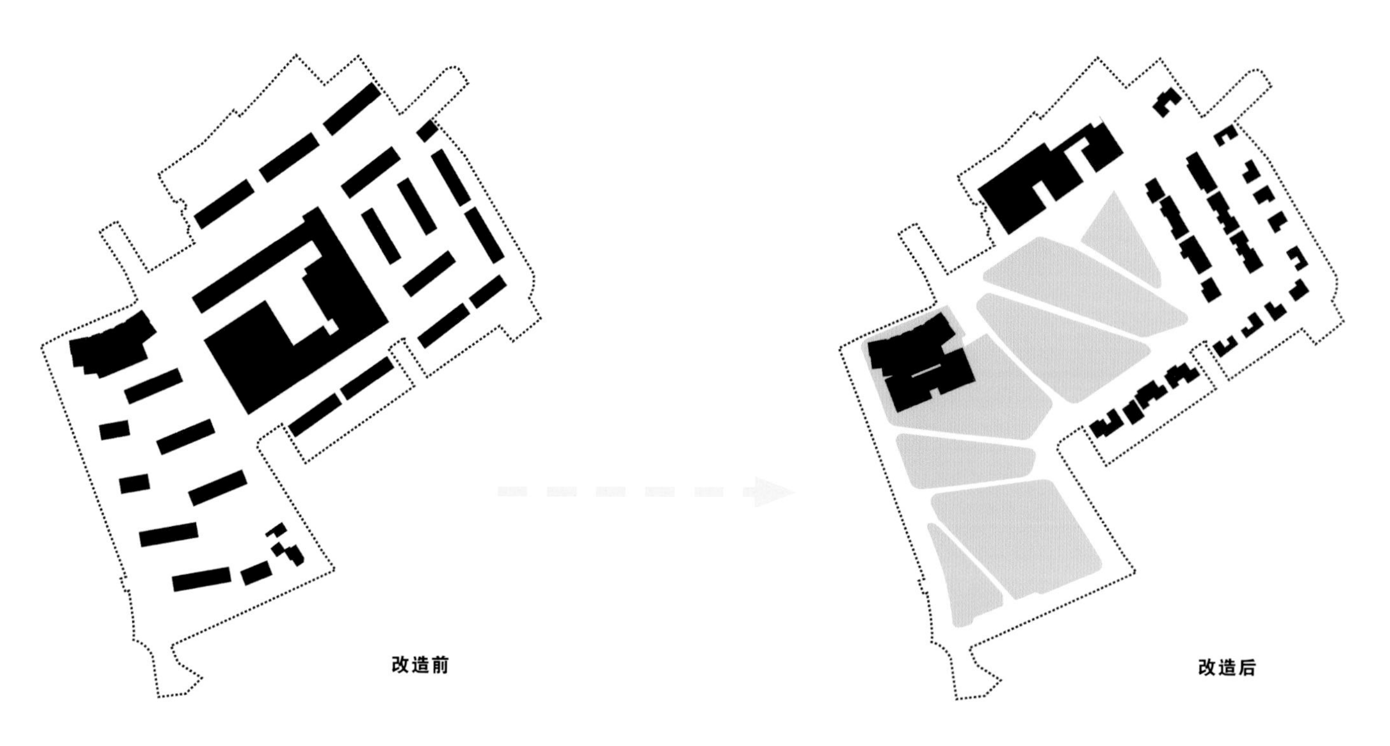
改造前
改造后

公园和校园

公园的设计建立在南部林堡省的特殊地质基础之上。地表有垂直裂缝，导致一些地区向上移动，而其他地区下降。这同时创造了梯田。公园内存在的高度差因为高度不等的人造梯田显得尤为突出。这种高度差创造了不同的活动空间。公园中的几条自行车路线，使公园显得生动活泼。公园里还有老中青三代不同的房屋和一个社区中心。社区中心有一所小学和一所日托中心。校园坐落在大楼的前面，直接与公园相连。过去在大楼前面的那条路现在已经关闭。这座大楼还有两个可以关闭的庭院。建筑物的入口在这里，日托游乐场也在这里。

可持续性

这个公园是用尽可能多的再生材料建造的。铺路石来自附近的一条街道。学校的围墙是由拆除公寓楼时保存下来的阳台栏杆建造。雨水很容易渗入。多余的水最终流入公园最低处的池塘里。为了避免极端的情况，池塘到下水道之间有排水孔。珍贵的树木被保存下来。对于新栽培的植物，选择的都是适应力强的当地品种。由于蜜蜂旅馆的巨大成功，人们种植了吸引蜜蜂和蝴蝶的花卉和植物。

鸟瞰模型

雷纳托·波夫莱特神父滨水公园

项目地点
智利，圣地亚哥
景观设计
博萨建筑事务所
竣工时间
2015 年
面积
9.1 公顷
摄影
菲利普·孔塔尔多、科尔泰西亚·德·克里斯蒂安、博萨·威尔逊、吉·韦伯恩

智利圣地亚哥建设滨水公园的计划始于 2011 年，主要目的是让马波乔河从东到西 34 千米长的河岸重焕生机。最初的愿景是充分利用这条通航河流，打造沿岸多样化景点。

雷纳托·波夫莱特神父滨水公园位于圣地亚哥西部片区，被视为一个可持续的城市公共空间。博萨建筑事务所的主要设计目标是彰显马波乔河沿岸的价值，修复受损的工业用地，使其融入沿河滨水环境中。

可以从三个关键点来解释这座公园：当代性；克服偏见；最后，创造一种新的想象中的景观。

用西班牙建筑师、景观设计师琼·罗伊格的话来说，设计要实现“当代化”，换句话说，要更新景观行业。公园主要由一批年轻设计师设计完成，他们克服惰性，探索了未来景观设计的方向，取得了长足进步。从这个意义上来说，这座公园的设计可以说是提出了一种新型景观，让景观理论回归地面景观，将地面景观放在三维环境中来看待。

这座公园无疑是对城市偏见的一种改进。首先，要排除激流，从前这被认为是不可能完成的任务，各种

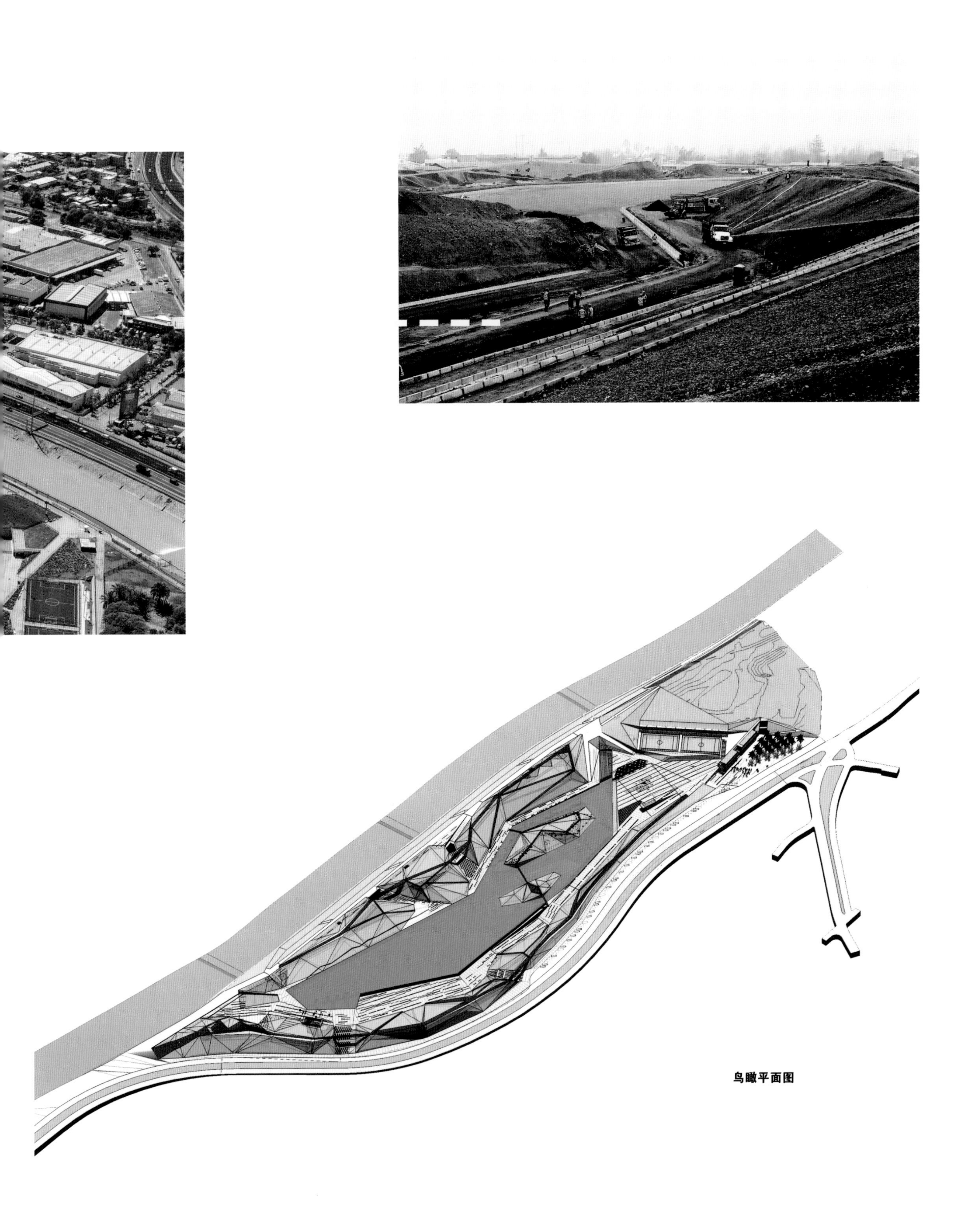

鸟瞰平面图

fluitek
Sinsef
Hobby Market
TEC

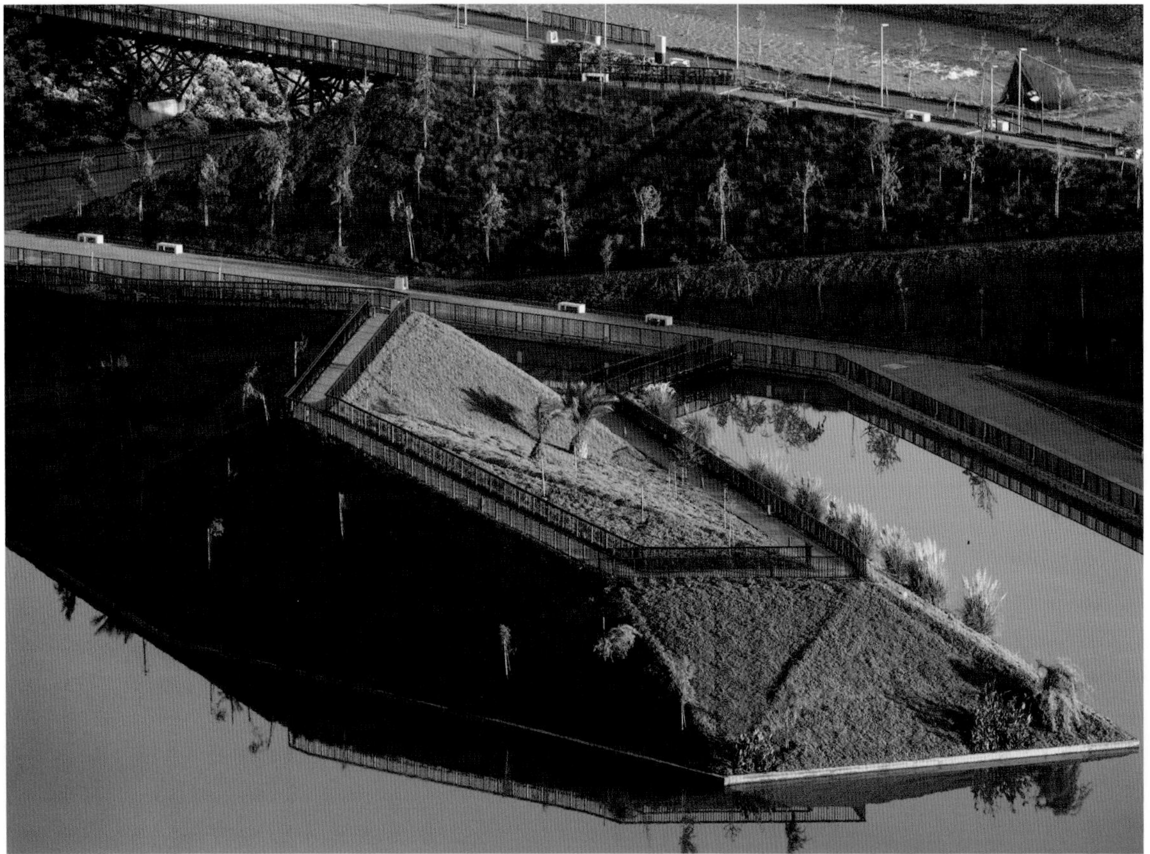

“伪专家”们经过多年的讨论认为唯一的办法是借鉴欧洲的一些城市河流。第二，圣地亚哥西部的公园标准不能太高，因为这里是低收入区。那么，公园的设计和建设就不是从稀缺性出发，而是从效率出发，修复一个退化的工业区。最后，如果说这座公园对城市有什么意义的话，那就是从河岸边又可以眺望城区的景色了。严格来说，这座公园本身就像一条蜿蜒的河流。人们可以一边骑车或步行，一边观赏马波乔河流域景观。

注：公园的命名旨在向耶稣会神父雷纳托 • 波夫莱特（Padre Renato Poblete，1924 - 2010）致敬。波夫莱特神父在 1973 年智利政变后向民主过渡的过程中做出了突出贡献。

平面图

1. 主入口
2. 次入口
3. 植物园
4. 泊船区
5. 剧院
6. 卫生间
7. 仙人掌岛
8. 桥

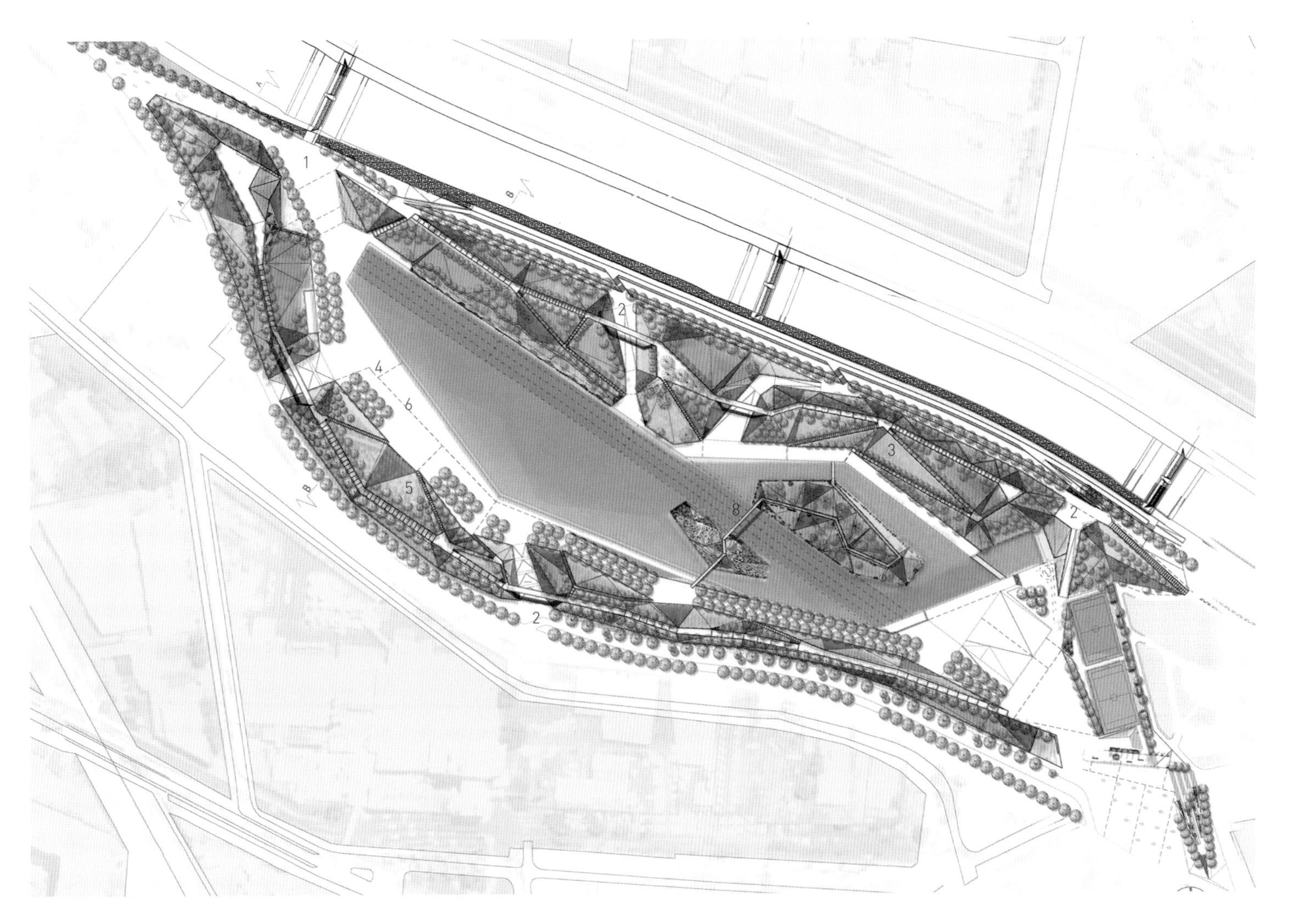

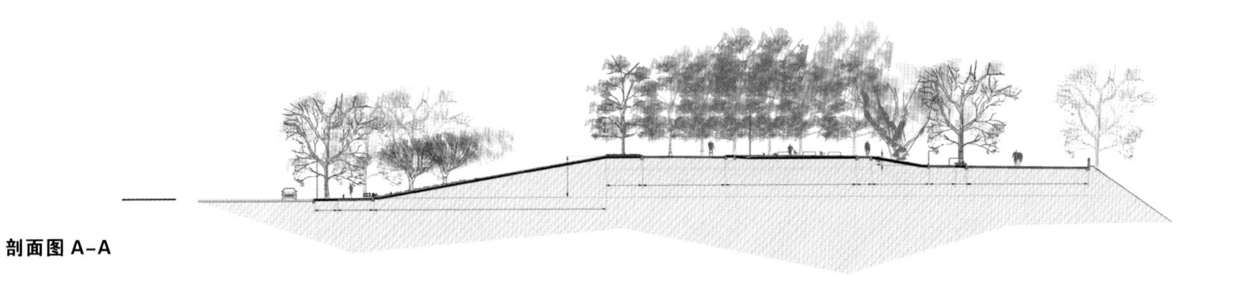

剖面图 A-A

剖面图 B-B

剖面图 C-C

埃尔伍德海滩

项目地点
澳大利亚，维多利亚州
景观设计
澳派景观设计工作室
项目面积
21,000 平方米
摄影师
安德鲁·洛伊德

为了进一步改善与提升城市公共空间的品质，政府决定对埃尔伍德海滩进行改造，重新考量其形式与功能。

埃尔伍德城市沿海走廊和海滨沙滩是墨尔本菲利普港非常受欢迎的旅游目的地，位于城市中心商务区南部 8 千米的地方。但由于年久失修和原来不恰当的规划，此处公共空间的环境质量日益下降。

首先，滨海空间与大海、沙滩之间没有建立足够紧密的联系。设计师重新布局，设置了一系列平行的景观元素，与海平面水平一致、和谐交融，其中包括配置有特色灯光的坐墙、低矮的混凝土挡墙、平坦开阔的阳光草坪、日光浴平台、广场四周可以让人们停留休息的特色空间以及澳大利亚的本土植物。整个空间只有少量的垂直景观元素，包括照明、淋浴花洒和树冠宽阔的大乔木。

原有设计中停车场紧邻沙滩这一主要景点，只隔了一条停车场主入口前的道路，不仅影响单车和行人的通行，还破坏了观景视线，新的设计扭转了这一不合理的规划，将出入停车场的车流控制在远离景点主入口的地方。

总平面图

整个滨海空间没有得到很好的组织，排水系统严重不足，并且只有少量树木可以为人们提供成荫纳凉的休憩空间。因此，打造清晰的空间与功能分区是项目首要的任务。公共空间中设置了大量的功能设施，包括冲浪救生俱乐部、帆船俱乐部、垂钓俱乐部、餐厅、咖啡厅、停车场以及网球俱乐部等，同时，整个空间设计、重组的过程中，始终贯穿关于这些设施与海滨公园整体环境之间的关系的思考。

新的滨海空间能让市民们更好地享受散步、跑步、骑自行车等活动，不仅能让人们更容易地到达海边，而且提供更好的观景视线，还搭建了一系列观景平台，形成有韵律美的线条，使人们有更多的休闲活动的空间。

新的滨海空间的设计也为举办大型活动预留了空间，埃尔伍德市各个俱乐部和组织举办的游泳嘉年华、铁人三项挑战赛等都会在这里举行。与此同时，设计保护并增强了滨海空间与滨海公园的联系，吸引附近的居民来此观景、烧烤、晒太阳、玩游戏，进行各种娱乐休闲活动。所有的设施和小品都非常的现代简洁，并采取低矮横向的造型，让人们可以一览无余地欣赏到壮丽的海景。

重新组织的道路系统创建了更多可利用的空间。设计师设计了共享的道路，减少了自行车、行人和机动车之间的冲突，并确保交通的安全与便捷。整个海滩的道路是行人与自行车共享的道路，与菲利普港口区级自行车道相连。

澳派景观设计工作室与业主菲利普港口市政府共同坚持对滨海公共空间进行综合整治，将体育休闲活动和生态可持续发展同步推进。形形色色的滨海酒吧与餐厅都设有雨水箱，并为新设计的停车场配备雨水收集和利用系统。

整个设计在材料的使用和植物的配置上执行最严格的生态标准。停车场的道路尽可能地使用回收沥青。广泛栽植澳大利亚本土耐旱植物，保护了敏感的海湾生态环境的可持续发展。

新的设计让 Elwood 海滩重新变成一个开放的、具有亲和力的公共空间，不管是轻松的休闲活动还是大型的冲浪救生比赛都可以在这里举办。这个项目是完善的功能与优雅的外形完美统一的最佳范例。

好的公共空间造就好的城市

——城市公共空间更新改造

材料

在荷兰，公共环境的质量可以维持大约20到30年。这个期限之后，铺装、照明和街道设施就需要更新了。当然，这要取决于使用的材料的质量以及这个城市所在地的土壤情况。建在沙地上的公共空间要比建在腐殖土上的耐用时间长，因为腐殖土上的铺装会慢慢下陷。对于建在沙土上的城市，天然石材类的材料更常使用，因为铺装的下层比较稳固。跟混凝土地砖这样的材料相比，天然石材是更可持续的材料。天然石材会随着时间的流逝而留下岁月的痕迹，赋予公共环境一种别样的特色。公共空间的耐用性也取决于施工的准确度和细节的质量。在材料的质量以及施工细节的准确度上做先期投资，能够保证公共空间长久的质量。

比如说阿利亚里斯（Allariz）这个项目。这是一个古老的小村庄，天然石材铺装赋予其独有的特色。再比如沈阳浑南新区轴线景观，施工细节的把握很好，使用了可持续的材料，确保了设计品质的表现。

永恒的设计

设计潮流的变化也对公共空间的特点有着重要的影响。20世纪70年代，混凝土地砖比较常用，铺装图案多为圆圈。30年后，这样的公共空间就显得过时了，于是市中心区需要更新改造。从这个角度来说，也许不要紧跟潮流，而是创造永恒的、可持续的设计，才是明智的选择。

公共空间的经济价值

公共空间的更新重建能提升城市的经济价值。数据显示，公共空间的翻新能改善一座城市的经济情况（跟周围没有进行翻新的城市相比）。所以，提升经济价值是进行公共空间改造背后的原因之一。北荷兰省特塞尔岛上的登-伯格镇（Den Burg）的一个公园竣工之后将会成为一大亮点。这座公园会吸引更多人到这里散步，就像一块磁铁一样，会为小镇在餐饮等方面吸引更多投资。

玛汀·范弗利特

玛汀·范弗利特（Martine van Vliet），荷兰景观设计师、城市规划师，路兹 & 范弗利特设计工作室（Atelier LOOSvanVLIET）联合创始人。范弗利特女士1995年毕业于劳伦斯坦农业大学（IAHL），1995年—2001年在阿姆斯特丹建筑学院（Academy of Architecture）学习城市规划，并通过了城市规划和景观设计两项国家考试。2001年—2009年，范弗利特与弗里克·路兹（Freek Loos）在B+B事务所（Bureau B+B landscape architecture and urban planning）共事，两人都任主管，并于2009年联手创立了路兹 & 范弗利特设计工作室。2013年在沈阳新成立的NRLvV设计事务所（Niek Roozen Loos van Vliet），范弗利特也是联合创办人。范弗利特在城市规划、景观设计和公共空间等领域均有涉猎，设计规模不一。她的设计总是将特定环境及其特色作为出发点，运用创新的设计手法打造特色鲜明的、持久性的设计，注重细节的处理。植被在她的设计中也是一个重要部分。

无车街道

20世纪70年代，荷兰所有街道都对机动车开放。当时这被视为商业街便利性的优势。你可以在店门口停车，然后下车购物。店主往往认为如果没有这种便利性的话，他们的生意会受影响。如今，事实已经证明，只对行人开放的街道反而对购物者更有吸引力。这样的地方生意更好，因为周围有更多高品质的公共空间，这些空间也面向其他配套服务设施开放，比如带户外平台的餐厅。无车街道保证了城市的繁荣与活力，也促进了城市更新进程的加速。

公园与绿地

如今，绿色公共空间受到了更多关注。越来越密集的城市脉络给绿色空间带来更大的压力。公园与绿地的使用与30年前相比已经大不相同。这往往意味着绿色空间更新改造的需求。如今，城市中的植物不仅具有观赏价值，还要具备净化空气污染、解决雨水径流的功能。树木能够降低城市平均温度，避免“城市热岛效应”的出现。绿色空间还能提升城市的经济价值。比如说，公园附近的住房就比公路旁边的房产价值更高。现在，由于技术工艺的进步，绿色空间又具备了一个新特点：建筑密集的地区可以利用垂直生长的植物或者绿墙进行改造。比如我们设计的西班牙阿利亚里斯花园（The Garden of Allariz），就使用了适合密集建筑区的垂直绿化的最新技术。悬垂植物下方掩映的广场可以有多种用途。

对于城市绿色空间的景观设计来说，“时间”是一个重要维度。植物是活的、生长的，植物的价值会随时间而变化。有时，树木或灌木会长得过大，阻挡视线或者影响公共空间的安全。这时候，即时的养护就对维持公共空间的价值起到关键作用。荷兰布拉里屈姆的拜凡克公园（Bijvanckpark）是一座植物繁茂的社区公园。我们的设计目标通过移除过度生长的灌木来打开视野。我们在特定的地点栽种了唐棣树，作为公园中的重点观赏性树木。

养护、观赏性草坪和多年生植物

在荷兰，低成本的养护是景观设计非常重要的一个方面。观赏性草坪搭配多年生植物是我们常用的方法，一年只需修剪一次，解决了养护所需人力过多的问题。每年一次的修剪能强化植物根系的生长，防止野草蔓延。这样的现代植物搭配帮助我们营造了公园和绿地令人流连忘返的环境氛围。比如鹿特丹的“第一花园”（The First Garden），就是低维护设计的一个很好的范例。改造之前，项目用地上有大面积的铺装区域，有大量机动车通行。设计目标

是为附近的上班族打造一个“午餐花园”，机动车只是偶尔造访。我们布置了一系列花池，花池间形成步道的路线。观赏性草坪搭配多年生植物的组合营造了花园全年优美的景色。

城市体量

城市规划的特点也会随时间变化。20世纪60年代，荷兰城市设计的体量很大。我们建造了大量的大型铺装广场，里面只有很少的绿地。现在，公共空间的体量更加人性化。公共服务设施，比如带户外平台的餐厅、店铺和休闲区等，为公共空间带来活力。比如荷兰尼沃海恩市的集市广场（Market Square），就是公共空间体量过大的例子。这个广场对于普通人群平常的使用来说过于宽阔了。最终，我们将其一部分进行了改造，营造了一个充满生机的小型户外空间。

公共空间更新改造是一个持续进行的过程，取决于很多因素，比如城市的扩张或者收缩、气候变化、新技术和新材料的出现等。尤其是气候变化，可能涉及雨水管理，也许会是未来公共空间设计的一个重点。设计师需要解决公共空间排水的问题，包括地面过量雨水的收集和缓冲。在荷兰，雨水处理问题往往能主导整个设计，在很大程度上影响到公共空间最终呈现的特点。新技术对公共空间设计也有巨大的影响。除了智能手机和智能汽车，智能城市也将出现。这是公共空间景观设计的下一个挑战。

奥伊廷城市开发

项目地点
德国，奥伊廷
竣工日期
2016 年
景观设计
A24 景观设计公司
摄影
汉斯・约斯滕（Hanns Joosten）
面积
16.5 公顷
客户
奥伊廷市政府
植物
落羽杉，吉野樱桃，伞形科植物大星芹

奥伊廷这座城市很好地说明了如果一个城市地理位置优越，这将对它日后的发展多么有利。该城的两大天然湖泊是其标志，也是此次改造最先着手的地方。大欧丁湖湖边的开放空间富有魅力，而标准化的道路系统也把城市和湖水连接起来。对湖泊沿岸地带的探索不仅会促进旅游，而且这里也将成为一个热闹的市场，居民对城市的认同感也会增强。

从地理上来说，奥伊廷是一个重要的商业场所，也是居民住宅的主要集中区域。这里的旧城区和市中心大部分都是木质景观，古典的大楼、巴洛克式的护城河以及城堡等景观都位于两个风景如画的湖泊（Grober Eutiner See 湖和 Kleiner Eutiner See 湖）之间。瑞士荷尔斯泰因自然保护中心的建立使之快速成为德国内陆的一个著名的北方旅游景点。尽管其地理位置优越，但沿湖地区王宫花园（Schlossgarten）在设计和休闲方面做得很糟糕。对湖水的关注度很低，路径不成体系，尤其是没有适合家庭和年轻人的体育或娱乐设施。作为地标的王宫花园也因此利用过度。

在与市民的探讨中，我们发现他们实际上非常关注城市与湖泊的关系，也希望能够与湖泊亲近，可能的话能够增加娱乐休闲设施。新的景观设计的基础是国际电生理运动学会倡导的城市综合发展的概念。2012 年，这一非正式的计划被视作城市全面发展具有前瞻性和可持续的规划。2016 年，A24 景观设计

总平面图

公司的竞赛设计在奥伊廷举行的第三届石勒苏益格 – 荷尔斯泰因园艺展中获得全面认可。这处景观设计新颖、现代、富有文化。当前的设计在概念上参考了围绕着奥伊廷巴洛克湖畔城堡的 18 和 19 世纪的花园。设计充分考虑了如何把视觉轴与湖泊融为一体。如今城市和湖泊的结合可谓天衣无缝，王宫花园内外游人如织。设计者对空间的把握全面提升了奥伊廷的形象。在该地区的人口结构转型方面，奥伊廷既吸引了年轻人到此定居，又同时吸引着众多的游客。

盛开之城新维根

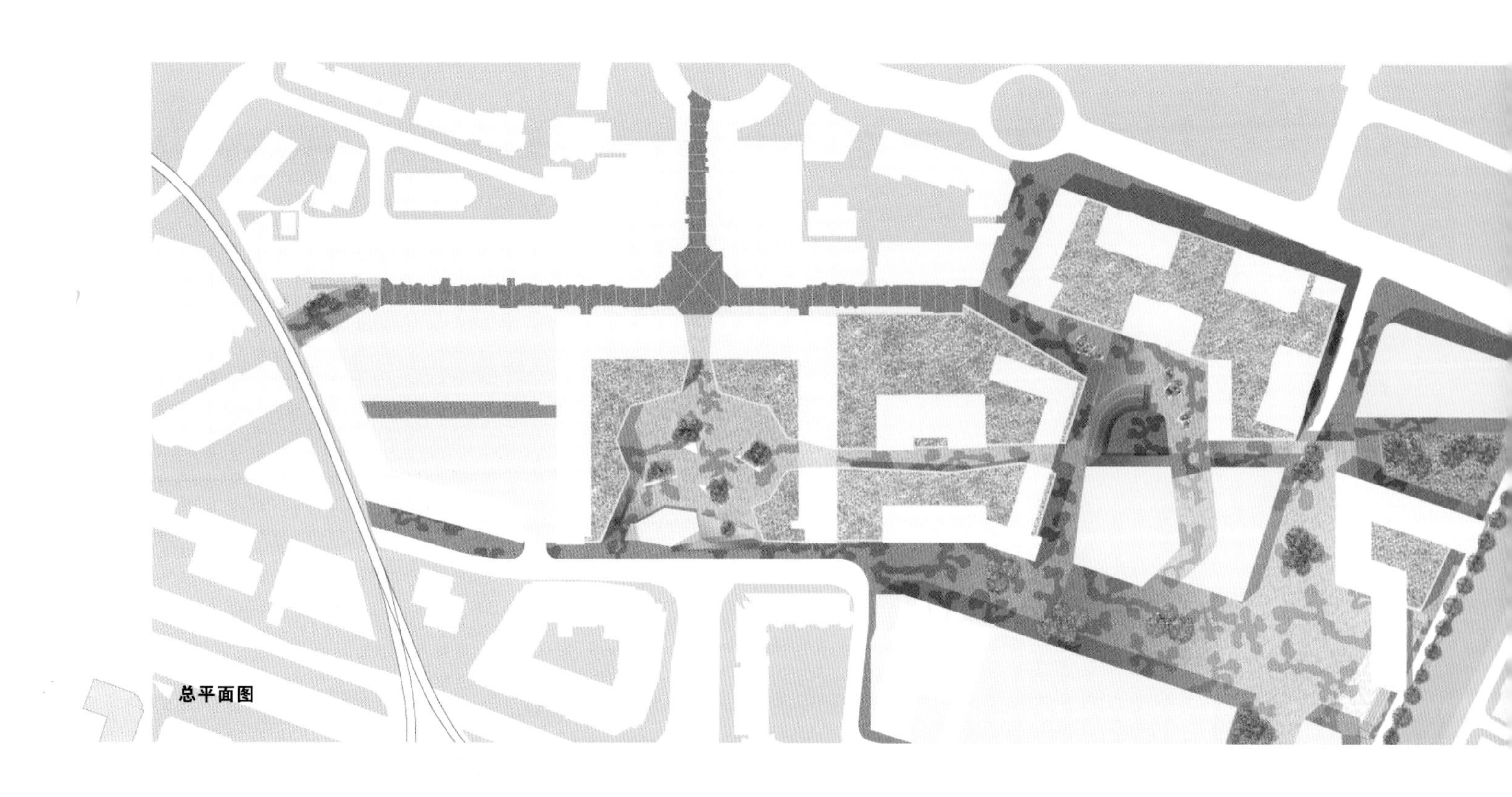

项目地点
荷兰，新维根
竣工日期
2015年
景观设计
Bureau B+B 建筑事务所，UN Studio 建筑事务所及迈克尔・万・格赛尔合作完成
面积
67,000 平方米
摄影
弗兰克・汉斯维吉克、阿见・斯密兹
客户
新维根市政府

新维根20世纪70年代就存在的购物中心改头换面了。主要打造"盛开之城"的概念。在停车场的顶部，架高植被箱中的绿植为一年四季添了色彩。人行道上的花纹是花卉和树枝。这个中心被分成三个广场和一条林荫大道，由于高差和种植方式的不同，每一处都有自己的特色。

改造

和其他许多新城镇一样，新维根同样面临着把落后的购物中心变成繁华的城市中心的挑战。Bureau B + B 建筑事务所和 UNStudio 建筑事务所及迈克尔・万・格赛尔公司精诚合作，制定出本市的发展理念。70年代的原始计划被彻底改变了。更新的购物中心气氛开放，土地使用多样，因而非常吸引人。商店的空间增加了一倍，公寓、办公室、市政厅、剧院、电影院、音乐中心和图书馆都在项目中一并体现。

盛开的停车场

公共空间的主要概念是"盛开之城"。这是对蓬勃发展的购物中心的比喻，但也确实栽种了很多花。新的城市中心在一个架高的多层停车场上，所以建有很多架高植被箱。各种植物赋予一年四季不同的色彩。植被箱和城市家具自然流动。这一概念也反映在图案是抽象的花卉和树枝的天然石头路面上。

三个广场和一条林荫大道

市中心被分为几个不同的广场：购物广场、城市广场、集市广场和城市大道。高差和植物的差异赋予每一处独有的特点。

购物广场分上下两层，由宽阔的剧场楼梯、电梯和自动扶梯连接。多年生植物和球茎植物植被箱给上层浸染了绿色。一个特制的有花卉图案的篱笆则处于下层。

城市广场很有代表性，市政厅和剧场的入口设在那里。它为每个星期六的活动和集市提供了空间。树岛里的树花开各异。这些树岛为游客提供了一个可以坐下来欣赏城市大道风景的地方。

集市广场云集了餐厅、咖啡厅和商店。一簇簇的低生开花木兰与人亲密接触。树根处地面抬高，使它们的根系拥有足够的生长空间。树丛周边的长凳也很受人欢迎。行人穿过蜿蜒上升的街道到达广场。

林荫大道在道斯拉格（Doorslag）运河旁，有自行车道和人行道。梧桐树和带有座位的码头创造了一个舒适的地方，让人可以在水边放松。由于修建了新泊位，游人现在可以乘坐游艇参观购物中心。

SATURN
LCD•PLASMA•HIFI•DVD
FOTO•ENTERTAINMENT•TELECOM•WITGOED•MULTIMEDIA
SATURN
KOSTER

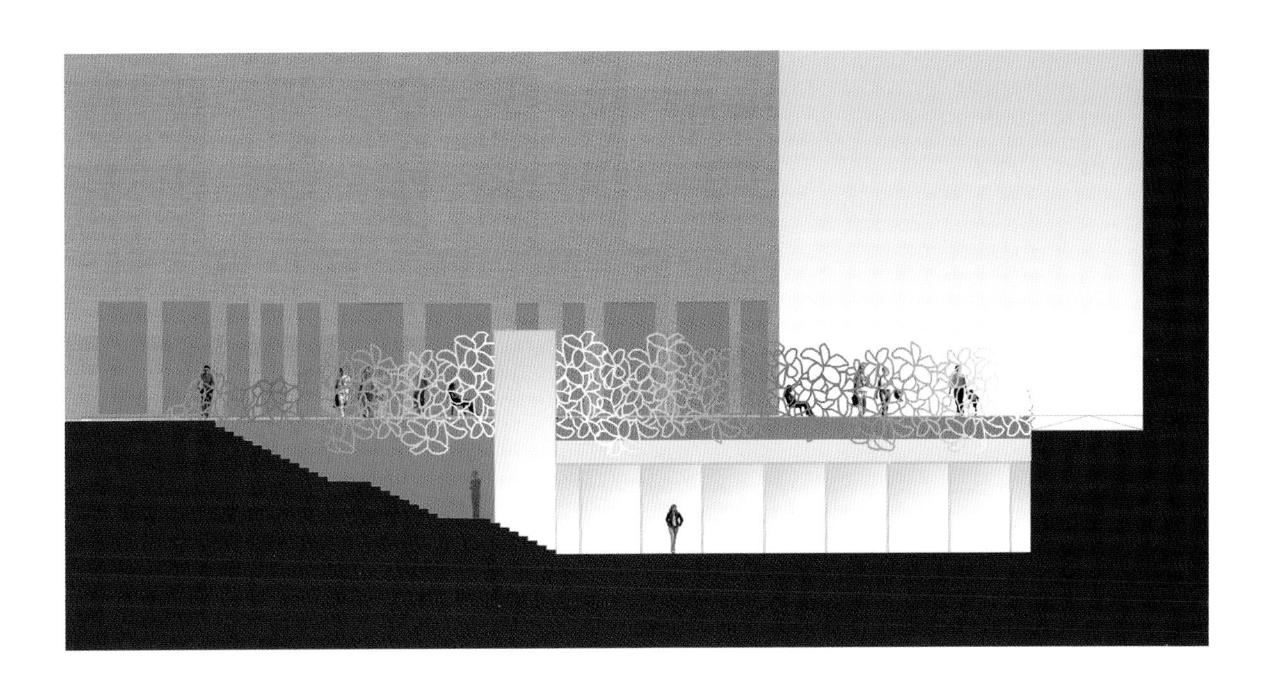

鲍顿公园

项目地点
南澳大利亚
时间
2016 年
项目面积
5,800 平方米
项目设计
澳派景观设计工作室
摄影师
丹·舒尔茨，
斯威特·莱姆
业主
南澳项目改造机构

鲍顿公园作为阿德莱德内陆北部鲍顿地区改造的核心项目，在中心商务圈外围人口最密集的城区建造了一个花园绿洲，为都市周边强硬色彩增添了一抹柔和的色调。

景观设计不仅将吸引人们来到这里，更让他们乐意停留，提供休息、社交互动和娱乐的空间。鲍顿公园的成功取决于三大设计亮点。中央庆典草坪周边的花园让场地充满生机，创造了能够减弱周边都市状态的微气候。相互连接的道路让人们从四面八方都能够进入到公园。长条遮阳构筑物下有野餐和烧烤区，在园内还有一处旱喷水游乐区，成为公园核心聚集空间和视觉焦点。

公园与周边的一栋建筑——Plant 4 无缝连接。该建筑重新改造成一处美食目的地，聚集餐馆、每周产品集市、有机食品、独立商店，也可以定期举办活动。

该设计的核心概念是展现一个重新被发现的空间。我们将回收的红砖重新作为铺装使用，在感官公园内打造了一个迷宫，在迷宫里有分散栽种的植物和狭窄的步道，人们通过步道可以找寻到一座完全由回收的码头木材制作而成的定制儿童游乐场。

材料和色调的选择注重与场地工业背景相呼应，例如我们使用的回收砖块与周边街道历史性维多利亚连

平面图

1. 步行道
2. 户外雅座
3. 喷泉
4. 带凉棚的公共座位
5. 活动草坪
6. 游乐场景观 & 感官花园
7. 街道广场
8. 公园入口围墙

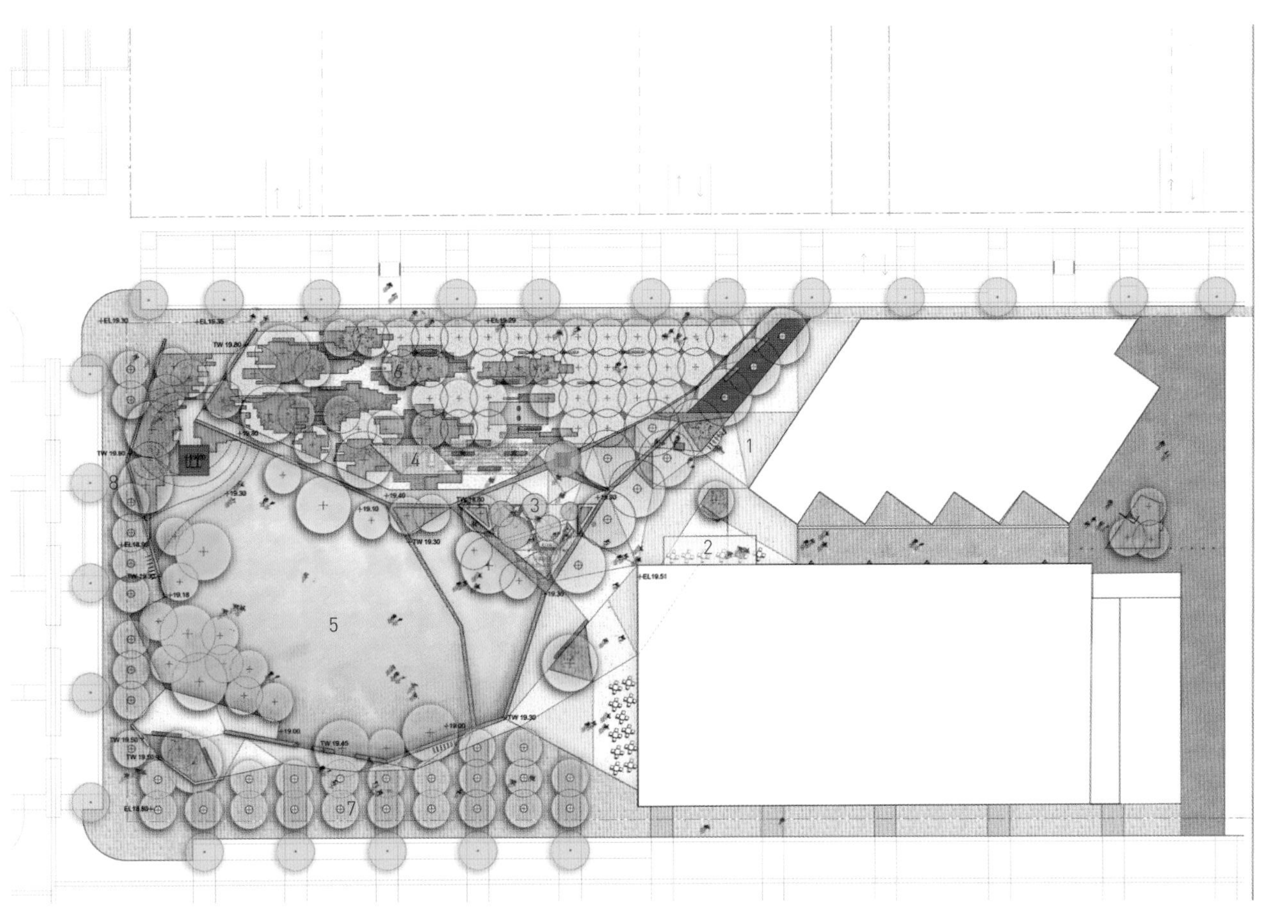

栋房屋相照应。

两块亚光打磨的混凝土铺装块以三角形的图案排列，组成一块缝合场地空间的地毯，将游客吸引到中央的水景。中心的水景由一排随意分布的10个旱喷组成，水柱灵动且颜色与上方圆盘遮阳构筑物的灯光相呼应。

在公园周边分布着大量休闲定制座椅，吸引人们前来，满足从热闹聚会到安静活动的不同需求，让人们融入环境中。为自行车提供的相关设施为远道而来的游客提供了便利，增强了鲍顿的可持续性。

鲍顿公园展示了人性化、考虑周全的设计是如何连接人群，从而加强城市的社会和娱乐结构，在已有的社区内创造一个真正的目的地。

鸟瞰平面图

PLANT 4
BOWDEN

PLANT4
BOWDEN

桑兹抬升花园

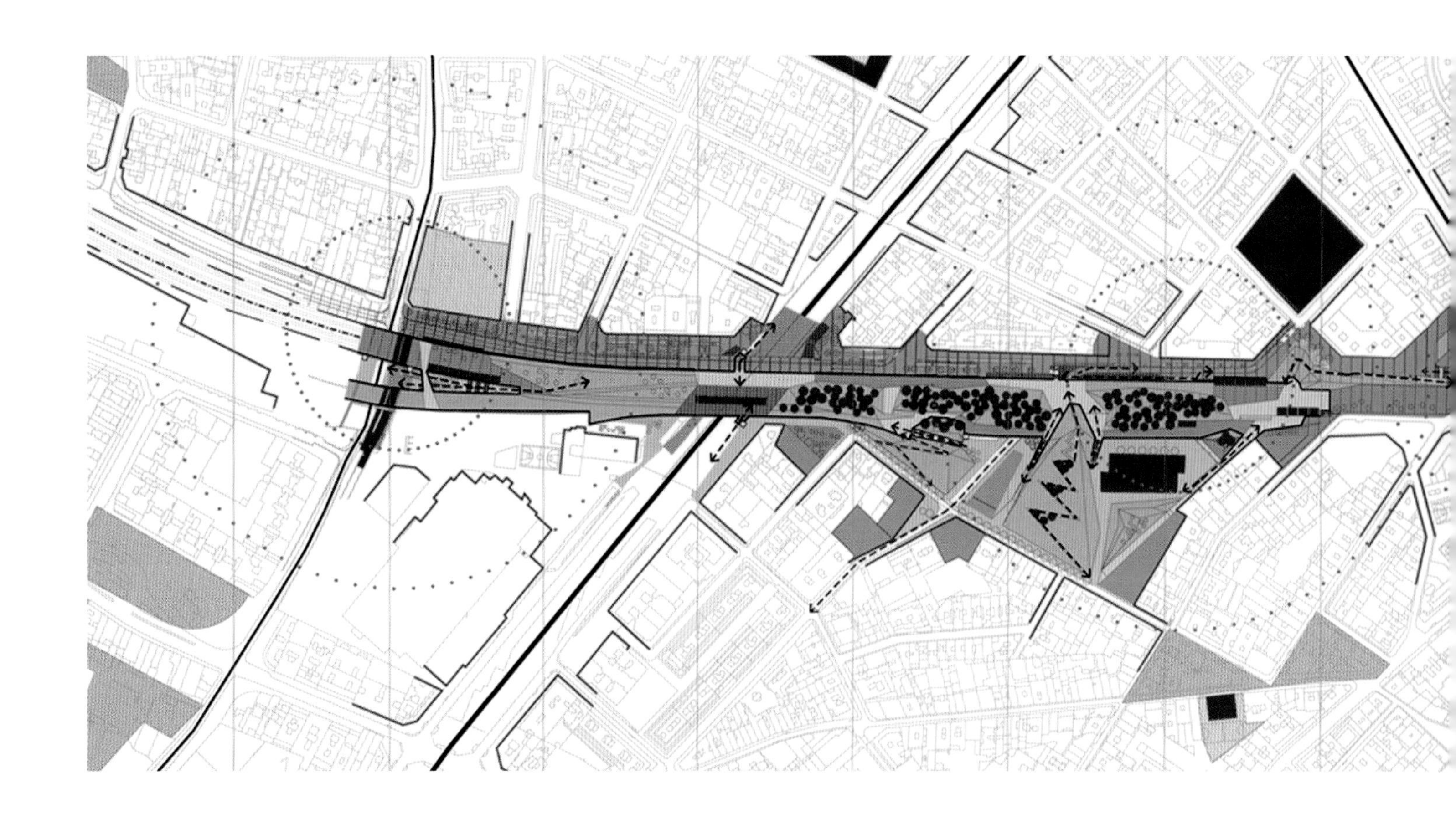

项目地点
西班牙，巴塞罗那
竣工时间
2016 年
景观设计
安娜·莫里诺建筑事务所
面积
48,400 平方米

过去整整一个世纪以来，通过巴塞罗那桑兹地区（Sants）的火车和地铁轨道在城市结构中一直是一道裂痕，沿着 800 米长的路段，将该地区从桑兹广场（Plaza de Sants）到列拉布兰卡街（calle Riera Blanca）划分为两个几乎不联通的部分，也在噪声污染和环境恶化方面造成了城市功能障碍。

2002 年，巴塞罗那市政府决定启动桑兹铁路走廊的市区重建项目。在排除了将其放在地下的可能性之后，该计划决定将这个路段放在一个轻便透明的“集装箱”中，成为市区一大亮点，将屋顶变成一个抬升花园，一条 800 米长的绿化林荫大道，未来计划使其沿着相邻的城市延伸到科内尔拉（Cornellá），形成一条 5 千米长的“绿色走廊”。

安娜·莫里诺建筑事务所（Ana Molino architects）设计的桑兹抬升花园（Raised Gardens of Sants），支撑建筑物 / 集装箱的结构由预制混凝土构件按照一定序列组合而成，唤起人们对传统铁路桥的回忆。留下的三角形空档让人们能够看到火车在城市中穿行而过，并将噪声影响降到最低。开窗并非完全装配玻璃，有三处采用绿化斜坡，从最低处直到屋顶平面。斜坡相当于路堤，将大楼“固定”，屋顶的绿色植被“溢出”到侧面街道，为行人到达屋顶提供了一条“自然”的通道。

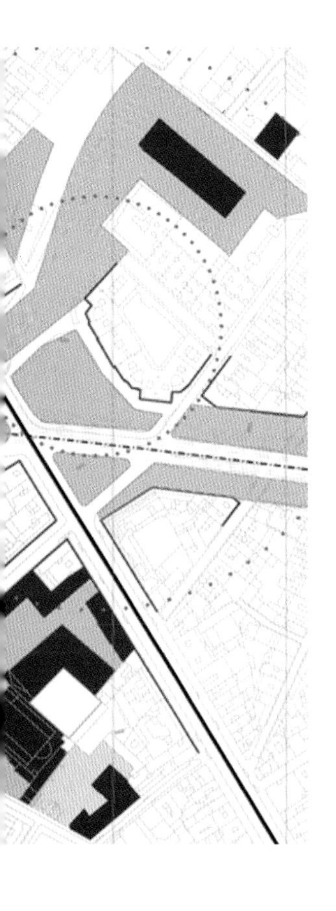

总平面图

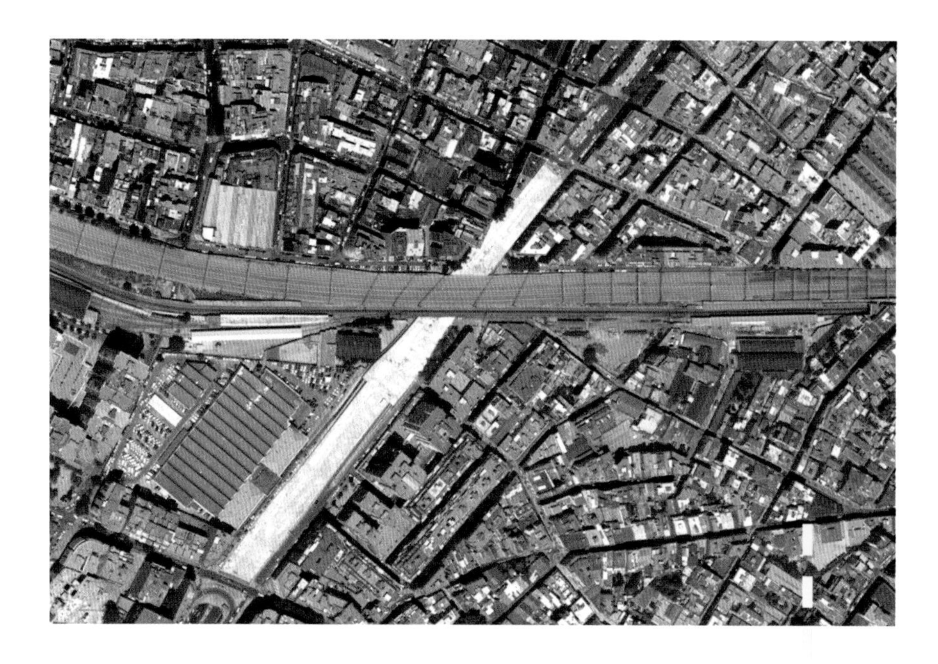

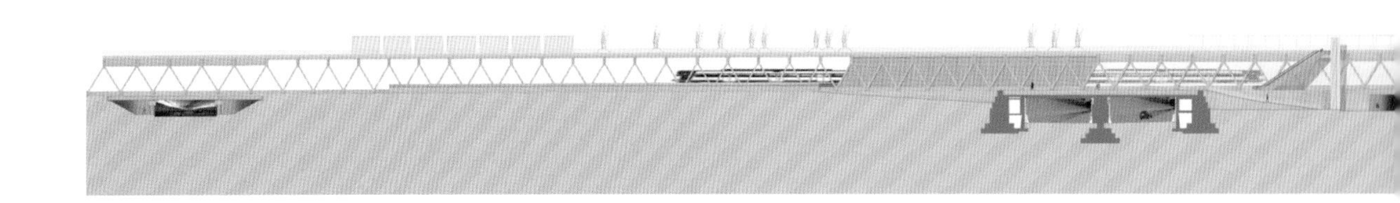

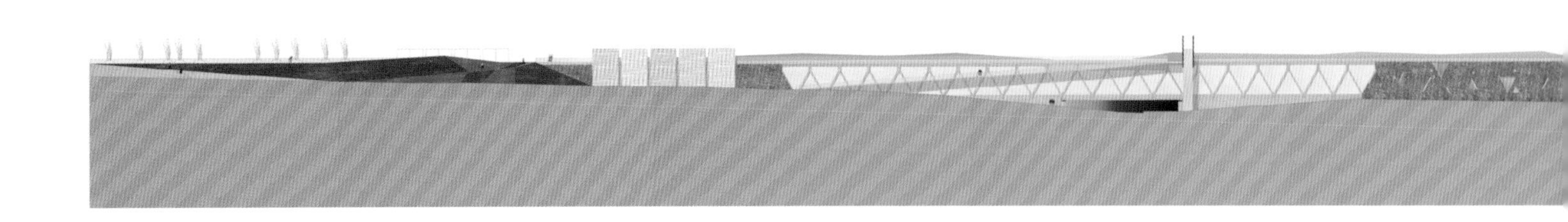

建筑的屋顶高度介于 4 至 12 米之间，俯瞰周围的街道。屋顶花园占据了城市上方的有利位置。通往花园的通道以一个巨大的伞状华盖结构作为起始，沿着两个线性结构设计。一个位于屋顶的北侧，有大量树木提供树荫；另一个在南侧，永久暴露在阳光下。两条路线之间的中间空间是花园的主干，有着复杂的人造地形、高密度的树木以及丰富的灌木和地被植物，植物的选择充分考虑了景观色彩的搭配。树丛的密度和精心布置的位置有利于空间的塑造，增强了地形中的大自然的氛围，使得穿行其中的行人淡化了身在城市中的感觉，沉浸在自然环境中。

最广泛使用的树木品种是大班木、槐树、栾树和“高峰”海棠，均以黄色和白色的花为特点。灌木和地被分布在草坪附近，在阳光充足的地方地被种类有鳞芹、红花鼠尾草、野玫瑰和常春藤，在较为阴凉的区域则种有常春藤、长春花、山桃草和马樱丹。

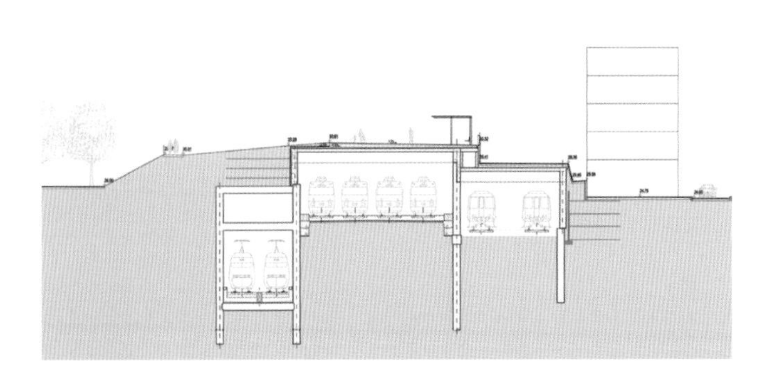

剖面图 A

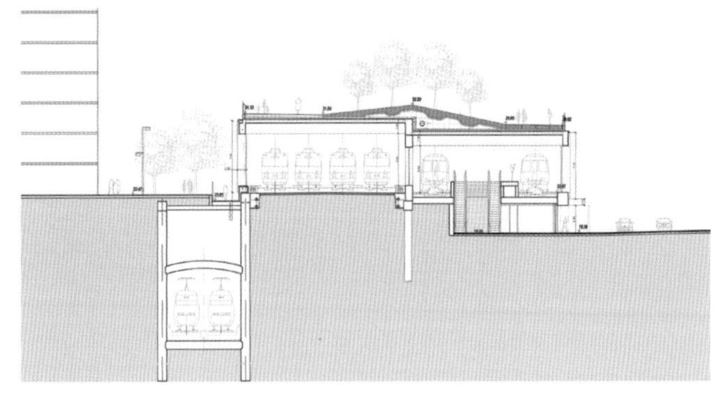

剖面图 B

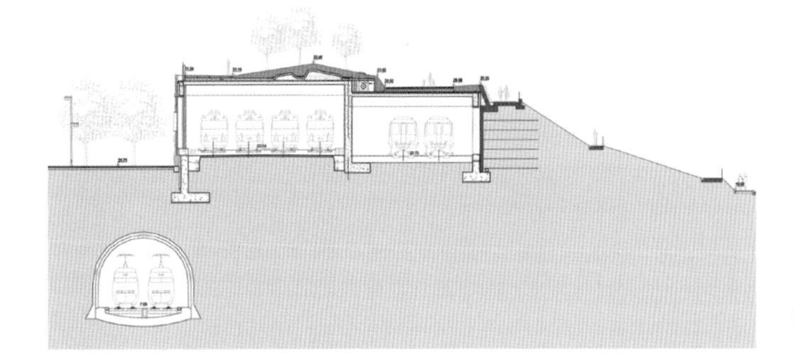

剖面图 C

BAR CELTA

C广场

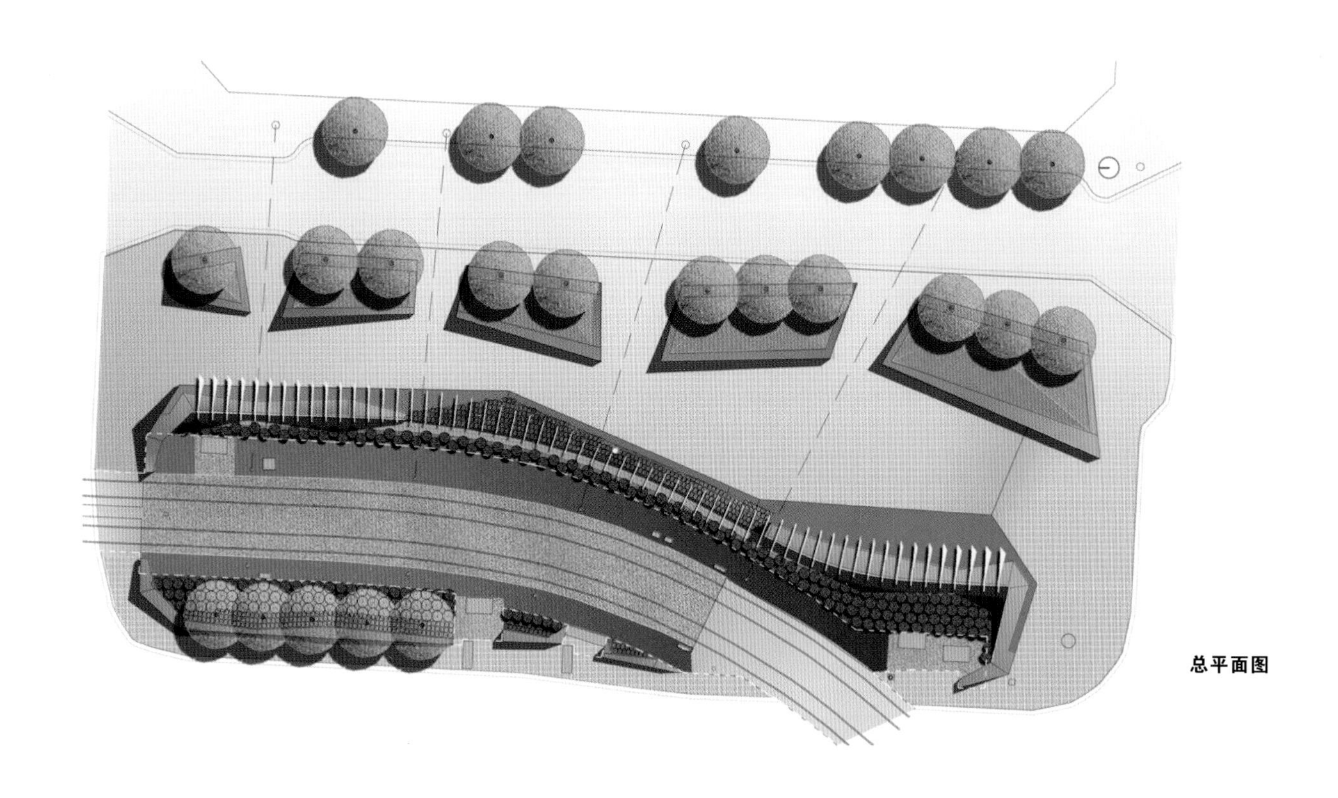

总平面图

项目地点

加拿大，艾伯塔

竣工日期

2016年

景观设计

马克·布汀建筑设计事务所

摄影

布鲁斯·爱德华

随着卡尔加里持续在其城市核心培育增长，新公共空间的成功将取决于它们能否提供灵活、有弹性的舒适空间来促进社会活动。位于东村开发区边缘的C广场正好符合这一特点，已经成为迅速发展的城市社区的门户和聚居区。

项目所在地被自北向西南穿越的C-Train（卡尔加里轻轨运输）一分为二。在C-Train东侧与其平行的地方，公用事业权限制了地表发展的数量和类型。该场所在很大程度上受其和基础设施的关系的限制。

设计团队的问题是：在这个基础设施景观中，我们如何创造一个动态宜居的城市环境？为了回答这个问题，两种空间调制方式对项目设计产生了积极影响。一是把现存的C-Train基础设施改造成一种让公共领域动起来的机制。一排新的旨在捕捉和发出光的穿孔铝翅片移动反光片，不仅将其与火车的连接进行了框架处理，进而把火车的能量投射到公共空间，并把现存的场地负担转化成动态的城市空间。二是创造了连续的地平面，将整个场地缝合起来。广场很大，占据了隶属地下公用事业权的区域，而车轨东边有“折叠”，方便人休息。广场东侧有一系列的变化，而景观也很柔和，醒目的林荫路两侧的树和广场对面的反光片相映成趣。

通过控制运行列车所产生的戏剧色彩来改变交通走廊的动态效果，通过巧妙利用公共事业权的限制，该场所已经变成受人欢迎、受人关注的社会交往之地。基础设施作为独特的社会与空间体验，在重建过程中发挥着重要作用。

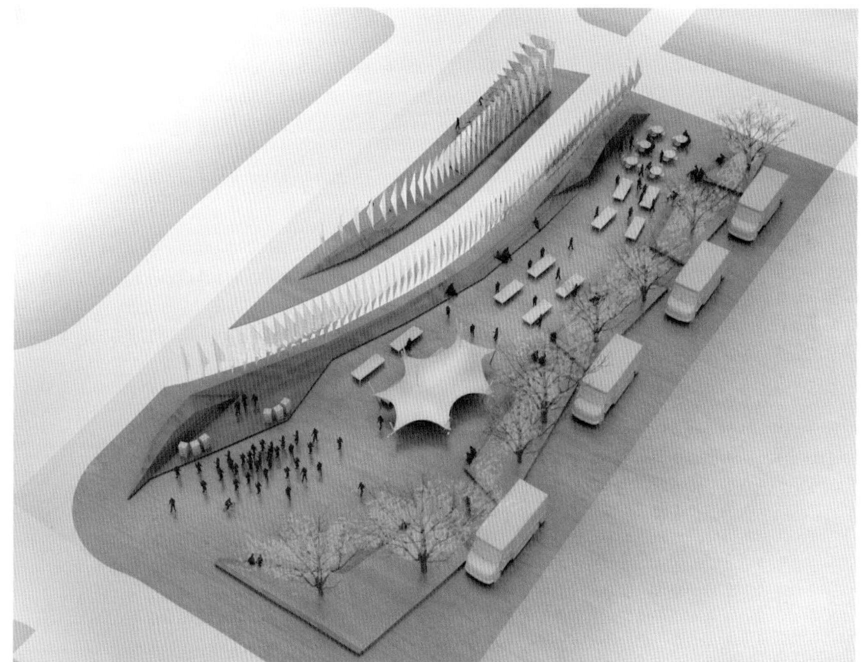

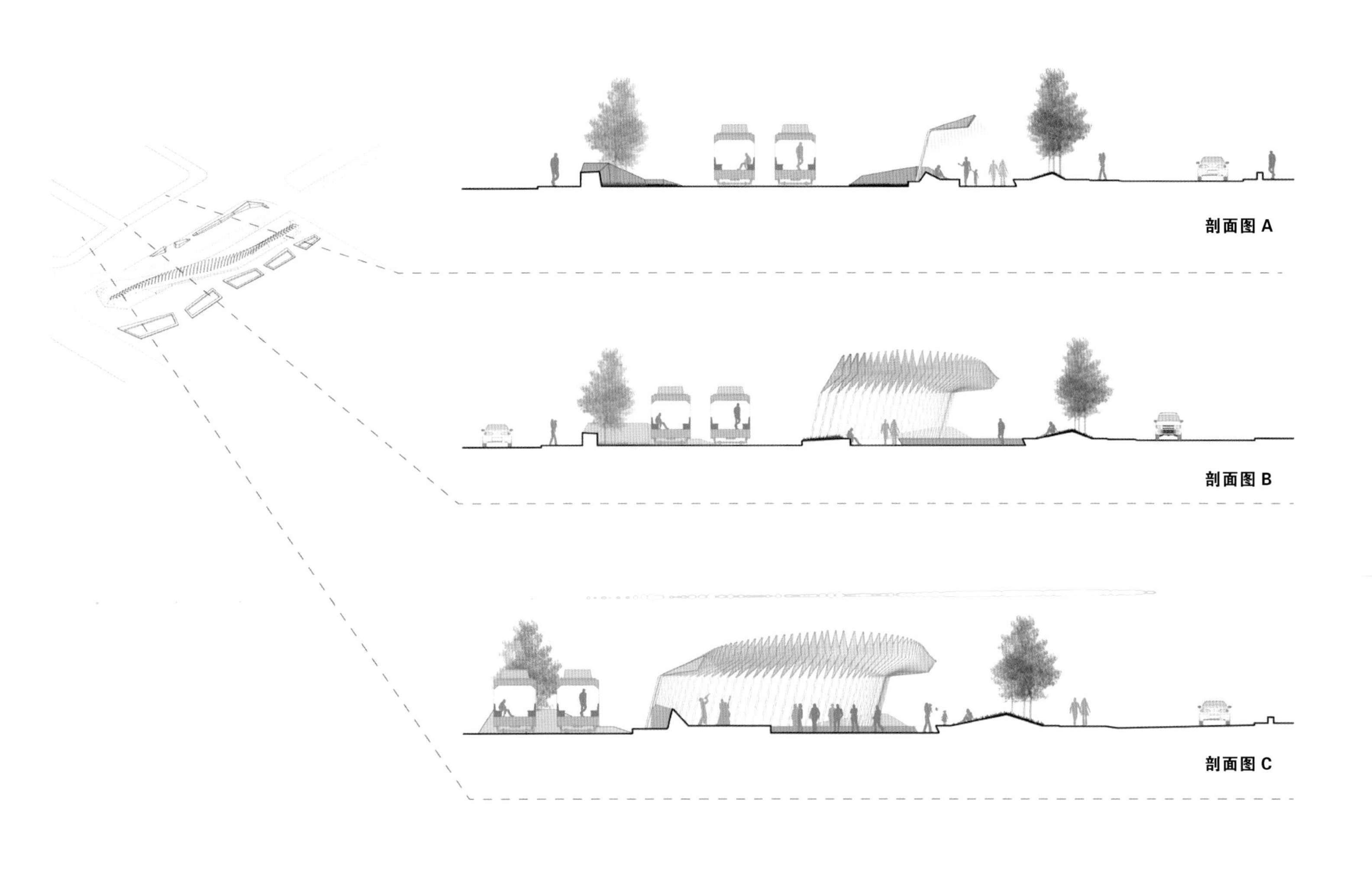
剖面图 A
剖面图 B
剖面图 C

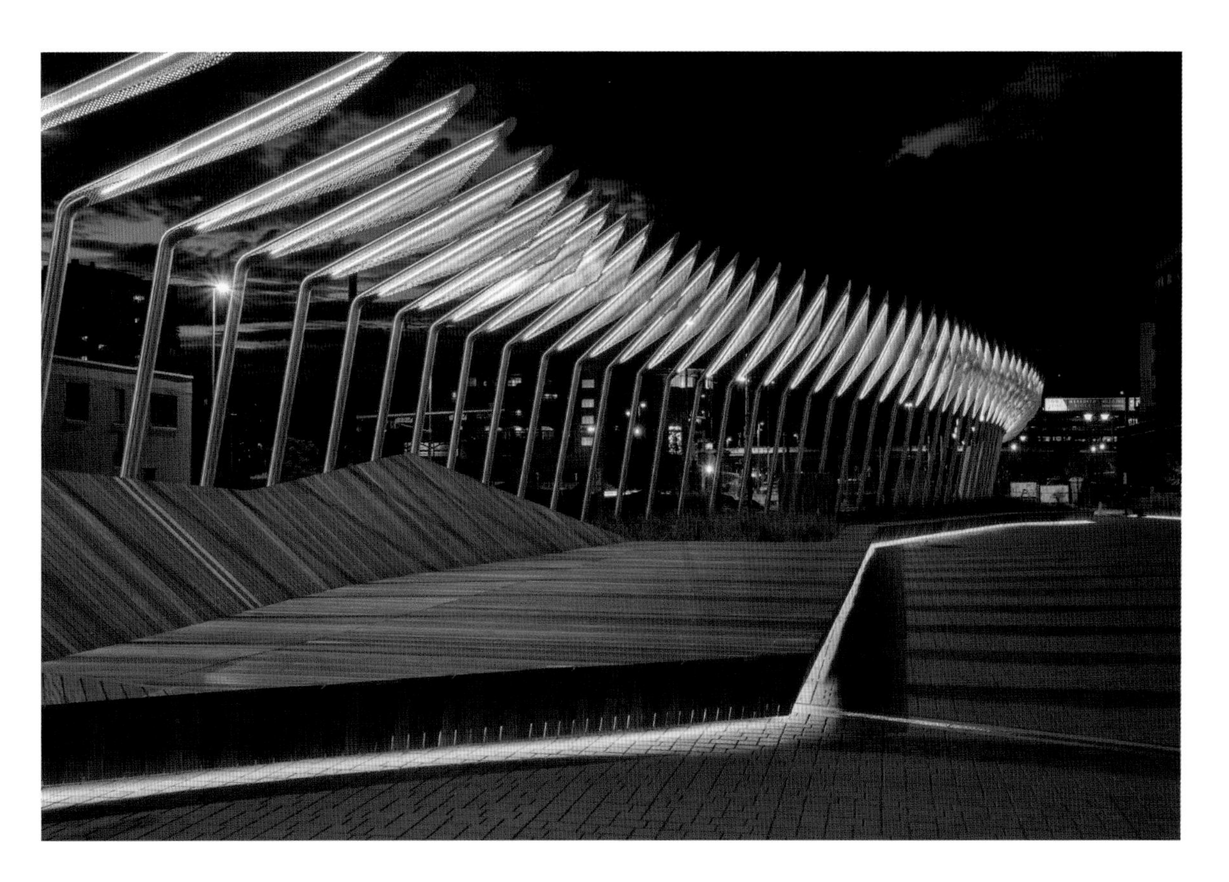

哥本哈根凯尔沃博德波浪桥

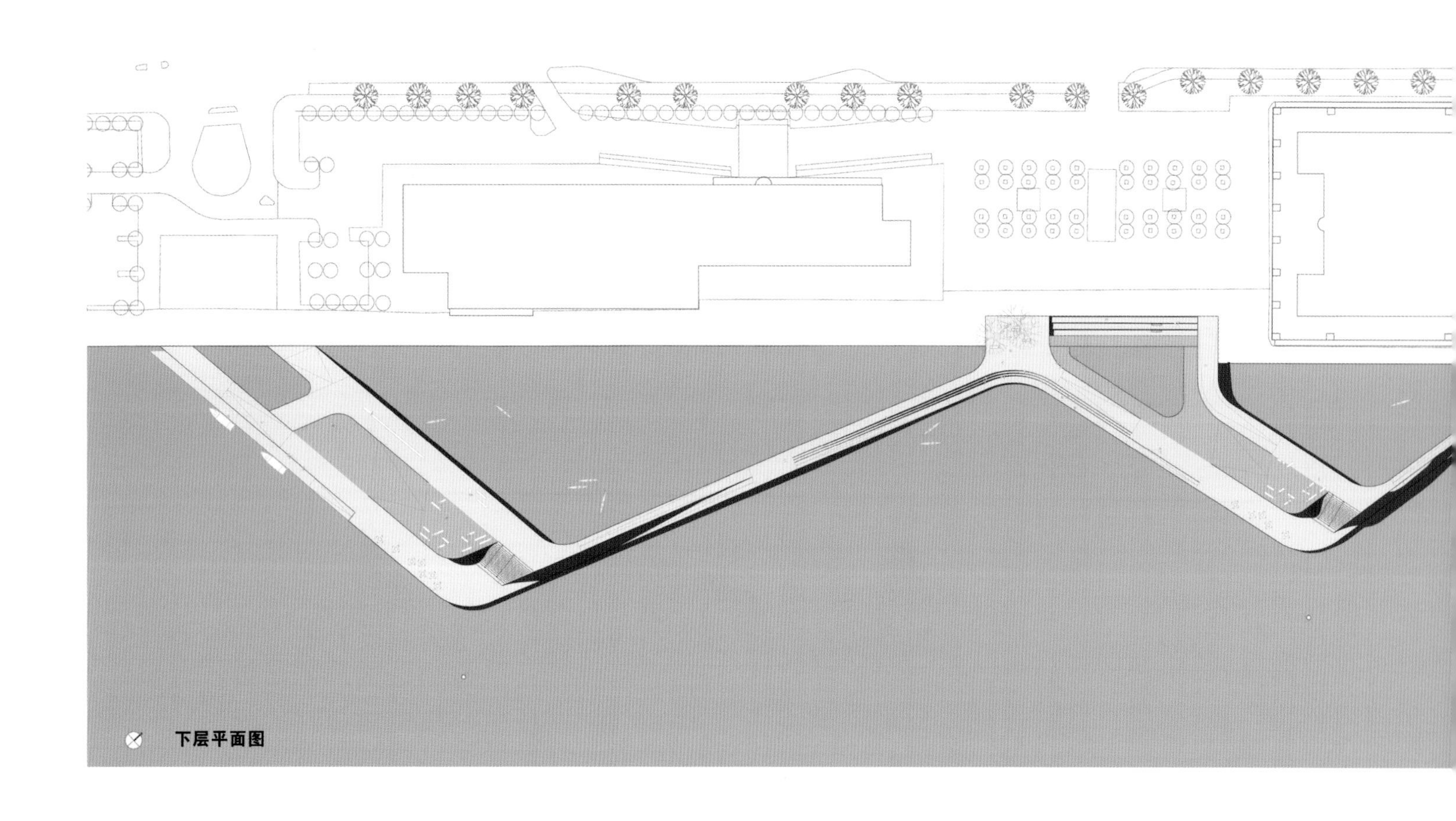

下层平面图

项目地点
丹麦，哥本哈根
景观设计
Urban Agency 建筑事务所及 JDS 建筑事务所
竣工日期
2013 年
摄影
Urban Agency 建筑事务所
佩妮莱・以诺
厄休拉・巴赫
面积
4,200 平方米
素材
柞木板，现浇混凝土，锈钢，不锈钢栏杆

随着哥本哈根凯尔沃博德波浪桥的开放，内港的中心部分最终也开始吸引大批游客前来游玩。这个新建的水边公共空间使城市中心变成一处游乐场所。

以前，港口的这一部分主要从事工业活动。后来，在 20 世纪八九十年代，市里出售了这块土地。该地区随即被开发为海港码头，但在规划和设计上既粗陋又单一，码头荒凉，大风肆虐，没有任何公共生活。

虽然路人皆知港口这一侧阴沉又荒凉，但重新规划时，建筑设计师把他们的注意力集中在两大方面：一是创造城市的连续性，二是找到新结构在水中的闪光点。

码头东南向，利于阳光照射。为了吸引公众工作之余在此地休憩，设计师需要研究建筑物投射的影子如何随着太阳方位的变化而变化。设计后的两个重建的主防波堤位于无阴影区，并被定义为水上的活动岛。这个项目将这些岛屿重新连接到城市网络，并使它们与城市的基础设施自然融合。两座桥梁将主防波堤的尖端连接到旧码头，形成了两个内部水上活动池。

正如计划的那样，该项目还有第三个方面的特点：在冲浪码头上，哥本哈根市民和游客可以从不同的层次探索海滨，享受美景。游客可以近距离的与水互动，把脚浸入水中或者游个泳，抑或可以爬高 5 米，

就好像他们在船上航行一样。

新开发很吸引人，游客可以散步或乘船游览，在独木舟旅馆租一艘独木舟，在集装箱商店买一杯咖啡，或者只是坐在阳光下享受这令人兴奋和活跃的公共空间。

该项目事先并无过度的规划，设计师的意图是为一个未知环境创建个大框架，之后让人们去慢慢探索，也许会发生意想不到的惊喜，这明显是个正确的策略，正如同凯尔沃博德如今的发展一样，它正以自己的方式完善着，超出了任何人的预期。

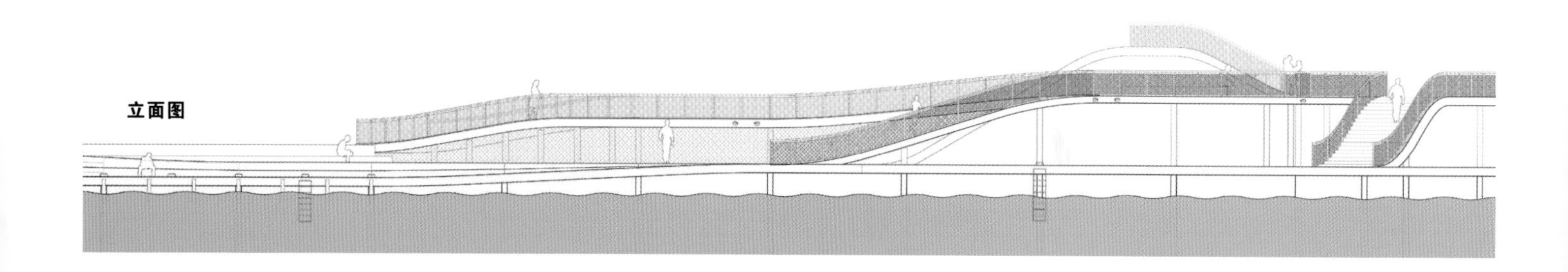

立面图

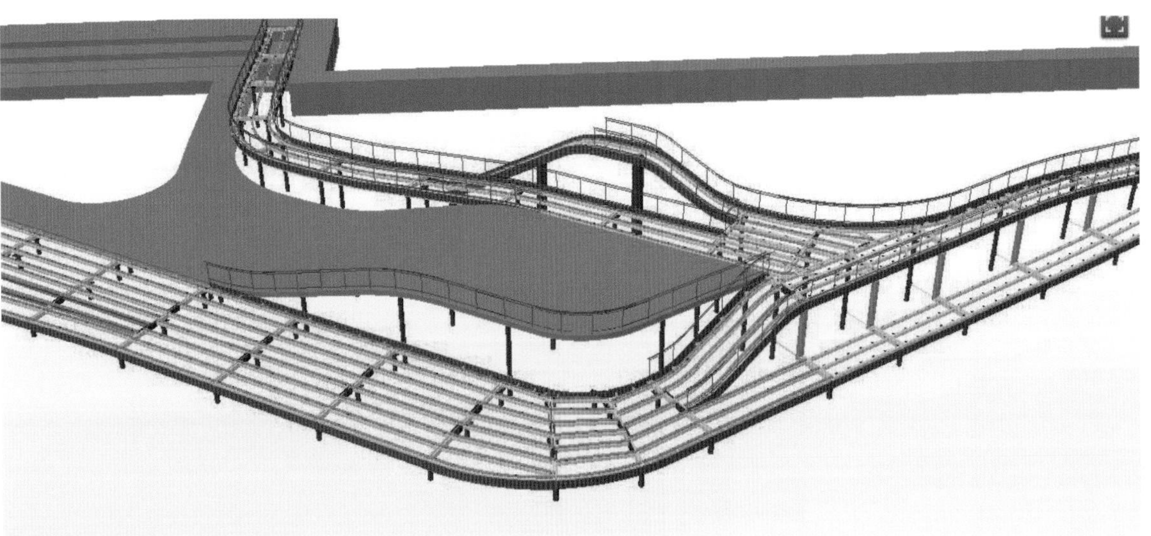

设计示意图

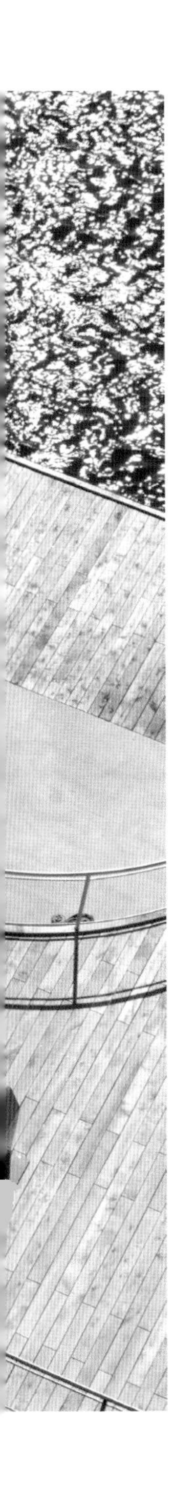

美化沙特奈马拉布里的大门

项目地点
法国，沙特奈马拉布里
竣工日期
2016 年
景观设计
Ateliers 2/3/4/ 事务所
摄影
克莱蒙・纪尧姆
面积
4,200 平方米

在勒克莱尔大街和巴普蒂斯特克莱门特街角处，旧仓库和废弃的建筑物已被改造成一个以非典型浮雕为特点的矿产空间。广场坐落在一个新社区的入口处，为十字路口提供了清晰的视野，同时宣告未来此处要发展药学。三个连续的石灰石台阶既肃穆又适应地形。设计师们没有进行复杂的矫平工作，而是选择通过建造三个台阶来处理斜坡，从而形成相邻建筑物的各个入口。该处的高差约 5 米左右，而且所处位置是密集的交通道路交叉口，这些地理地形特征都决定了景观规划。

坡上的三个水平台阶从空旷的硬质空间过渡到种满植物的绿色区域。从这里可以进入不同的建筑入口，而且也符合消防规定。这些台阶的位置位于克莱蒙大街下方，这就使它们免受因交通密度大产生的麻烦，同时在视觉上也不会产生断裂感。

在住宅和商铺的一侧，一个大型的楼梯从底部延展到顶部，中间有些小平台，表明未来要在此处建药学院。

设计上具有很强的连续性，楼梯和三台阶都是来自葡萄牙的石灰石材料。这些石灰石具有非常明亮的白色光泽，与此处的建筑非常配。每种石头使用线性和随机的方式进行一种布局。此处有三个尺寸（40 厘米 ×17 厘米，50 厘米 ×17 厘米，60 厘米 ×17 厘米），四道装饰：对大部分步行区使用了“火烧面”；

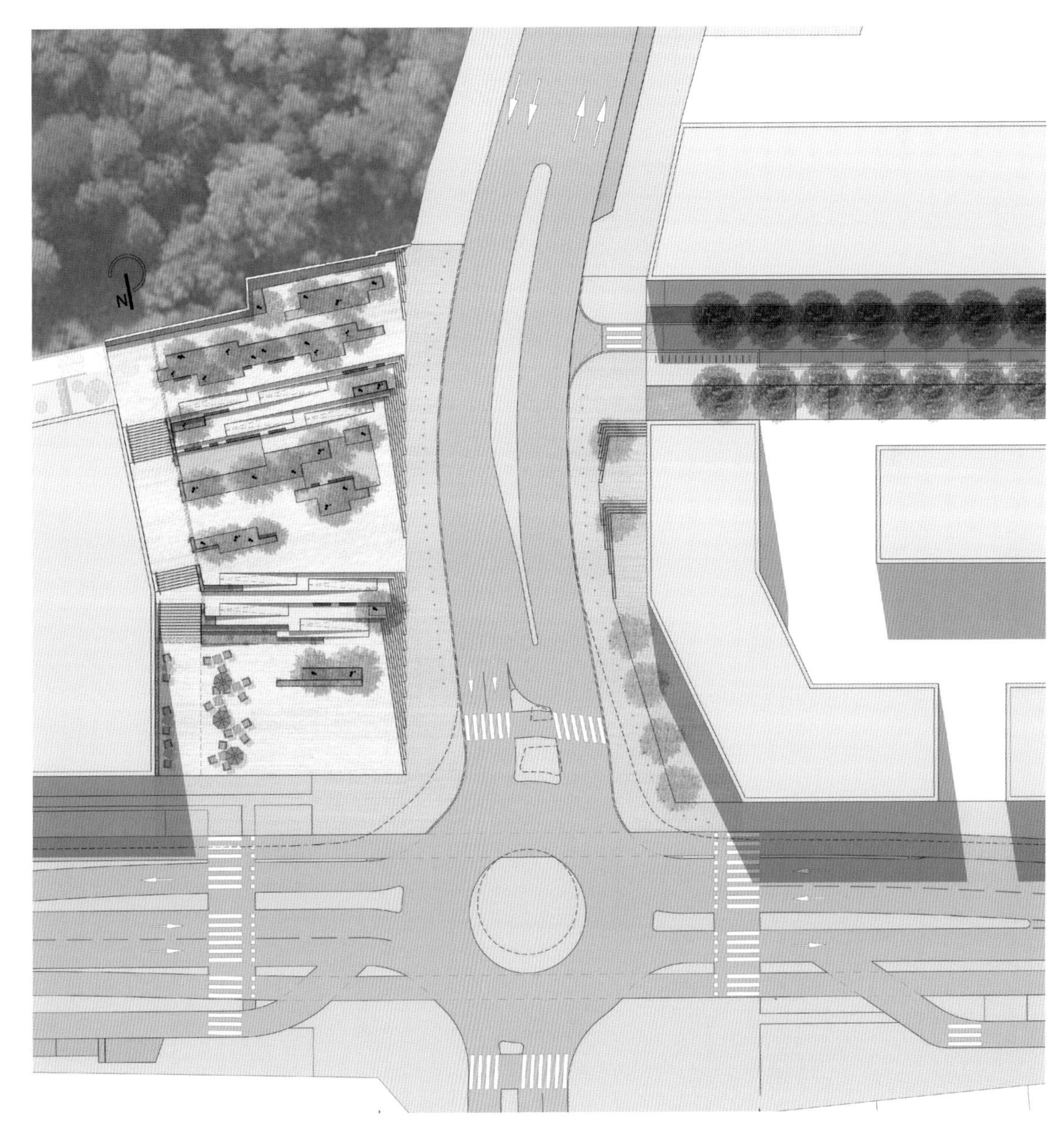

总平面图

每层边缘进行了“槽形凿石锤抛光”；绿地和喷泉边缘进行了“切割抛光”；两个喷泉地表进行了“软抛光”。座位被随机安置在石灰石层上。它们是纯粹的建筑混凝土，颜色也和石头保持一致。“它们的位置似乎不规则，但事实上，座位在某种程度上表明了每层中间的水平点，可以保证残疾人顺利通过”，景观设计师解释道。至于不同的分层，从广场的低点可以看到其全部尺寸。喷泉依照地形修建，喷泉水从第一级台阶向下流淌，与第二处喷泉呼应，而发光的飞机也使小酒馆的平台灵动起来。

广场位于印章公园和维里埃地区的林地之间，树草丰富，在连接这两个大的自然空间的生态廊道中发挥着连接站的作用。

该项目中的植物以法兰西本地物种为主，包括山毛榉树、鹅耳枥、榆树、唐棣和野生樱桃树。这些树木和灌木根据土壤多少随机种植。为了避免土壤的不均匀沉降，每个树坑又都掺入了石头。地上低层 70% 为常绿植物，30% 为落叶植物，同时还有多年生植物与草丛，让人们享受绿叶与树荫。未种植区域则铺上了碎木屑。

这种新的矿物地形整合了人们对步行和公共活动的需求，同时为许多活动提供了空间。

横向剖面图

纳尔逊·曼德拉公园

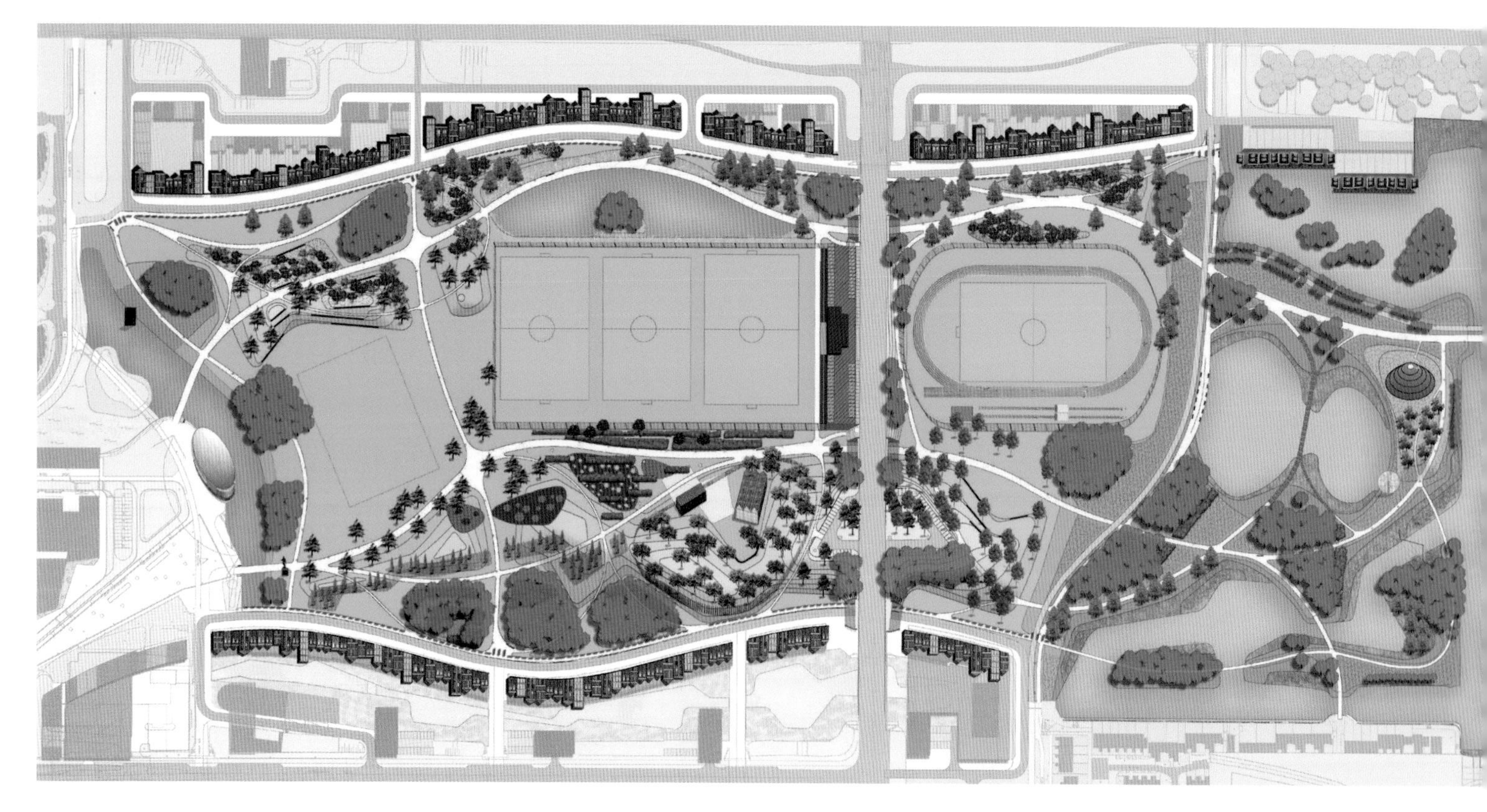

总平面图

项目地点
荷兰，阿姆斯特丹
景观设计
梅卡诺建筑设计事务所
摄影
梅卡诺建筑设计事务所、迪恩斯·特尔图
面积
32公顷

差异处理

比尔梅地区面积的增长是由于20世纪60和70年代阿姆斯特丹的扩张。该街区规划的具有乌托邦式现代主义特点，设计了一个地铁系统，一个没有交叉路口的公路网，统一的十三层住宅楼，再加上停车场和广阔的绿地。实际上，它给邻里带来了不安全问题。现在此处重新命名为阿姆斯特丹东南区，该地区被要求提供差异化的住房，并改善其公共领域的管理。这项战略的一部分是把纳尔逊·曼德拉公园改造成有700个住家和六公顷体育设施的城市公园。梅卡诺建筑设计事务所对此的回应体现在三个方面：景观内住宅的一体化，公园的边界和出入口要清晰，增加活动。

浪漫之所

起起伏伏的住宅和公寓限定了公园的边界。为缓解低洼地区的湿气，该公园被抬高了60厘米。公园和住宅区之间是木栅栏：被剥去树皮的树干置于钢制腿上。纳尔逊·曼德拉公园有八个经典的主入口，其特点是三个垂直门，但始终是在水平入口的两侧开放。“纳尔逊·曼德拉公园”几个字被刻在垂直门上，而水平通道门刻有周边社区的名字。仅这几扇大门就把纳尔逊·曼德拉公园与其他城市公园分开。比尔梅路径曲折蜿蜒地穿过纳尔逊·曼德拉公园，把富有“文化”的公园北部与自然未触及的公园南部结合起来。它们经过卡斯百得瑞弗办公区，甚至在其下方穿过，偶尔与纳尔逊·曼德拉公园大道的人行道缠绕在一起。纳尔逊·曼德拉公园拥有高大的红杉及开花的木兰等特有树种。

在纳尔逊·曼德拉公园，你不仅可以看到甚至还可以 “闻到” 每一个季节。公园绿地和植物创造了一年四季各种不同的体验，非常壮观。在公园里，目光远眺，就能看到令人惊奇的景色。

引人入胜

运动场位于公园中央，可以组织各种体育活动。有些人工草坪被周围的树木遮住了，所以在房间里看不到。除了体育运动外，公园内还有许多其他景点。沿主路有三个身份功能不同的广场，分别是体育比赛广场、论坛广场和自然广场。体育比赛广场在东南边，主要有各种体育比赛设施。在论坛广场可以欣赏大牧场的美景，还可以在此享受科瓦蔻（Kwakoe）节或足球比赛。看台上，游客可以晒太阳、看书或放松。在自然广场的长凳上俯瞰天然池塘是不错的选择。也有计划在卡斯百得瑞弗办公区上建植物园。公园南部的公园里水多、植物多，场地大，桥梁多，还有水上平台。一座7米多高的山丘上面都是大叶醉鱼草，景色壮丽。从这座山丘上，人们可以欣赏到太阳普照下纳尔逊·曼德拉公园道路之美。

BIJL
MER
PARK
ENTREE FLIERBOS

Bylmepark
Bylmepark
entree

梅克尔公园

项目地点
荷兰，代尔夫特
摄影
克里斯汀·里斯特
客户
代尔夫特特理工大学
面积
10 公顷

校园

在代尔夫特理工大学的校园里，草坪连绵不绝，树木色彩缤纷，在这里，人们可以散步、阅读、思考、讨论，甚至于吃吃喝喝。长廊的形状像一道闪电连接着各个学院，象征着大学跨学科的特点。长廊是纵横交错的网格小径，让人想起了米卡多游戏棒。

以前公园的高度差（以前的停车场位置低）已经改造成平缓斜坡。现有的树木被尽可能地保留下来或被迁走，形成一条蜿蜒穿过公园的彩带。花海和樱桃树轻轻地宣告春天的到来。有轨电车 19 号线连接了代尔夫特理工大学和中环火车站，校园便不再有私家车辆出入。

新维代尔夫特（Nieuwe Delft）

梅克尔公园长 830 米，宽 80 米。师生员工和游客可以乘坐电车和公共汽车到三个车站。这些车站的设计与海滨长廊的特性一样。新维代尔夫特是这条长 832 米的长廊名称，同时还包括横亘代尔夫特市中心的长 1315 米的欧德特运河街。这里的主要石材是花岗岩，而把 1547 米长的新维代尔夫特围起来的长椅都是花岗岩。

总平面图

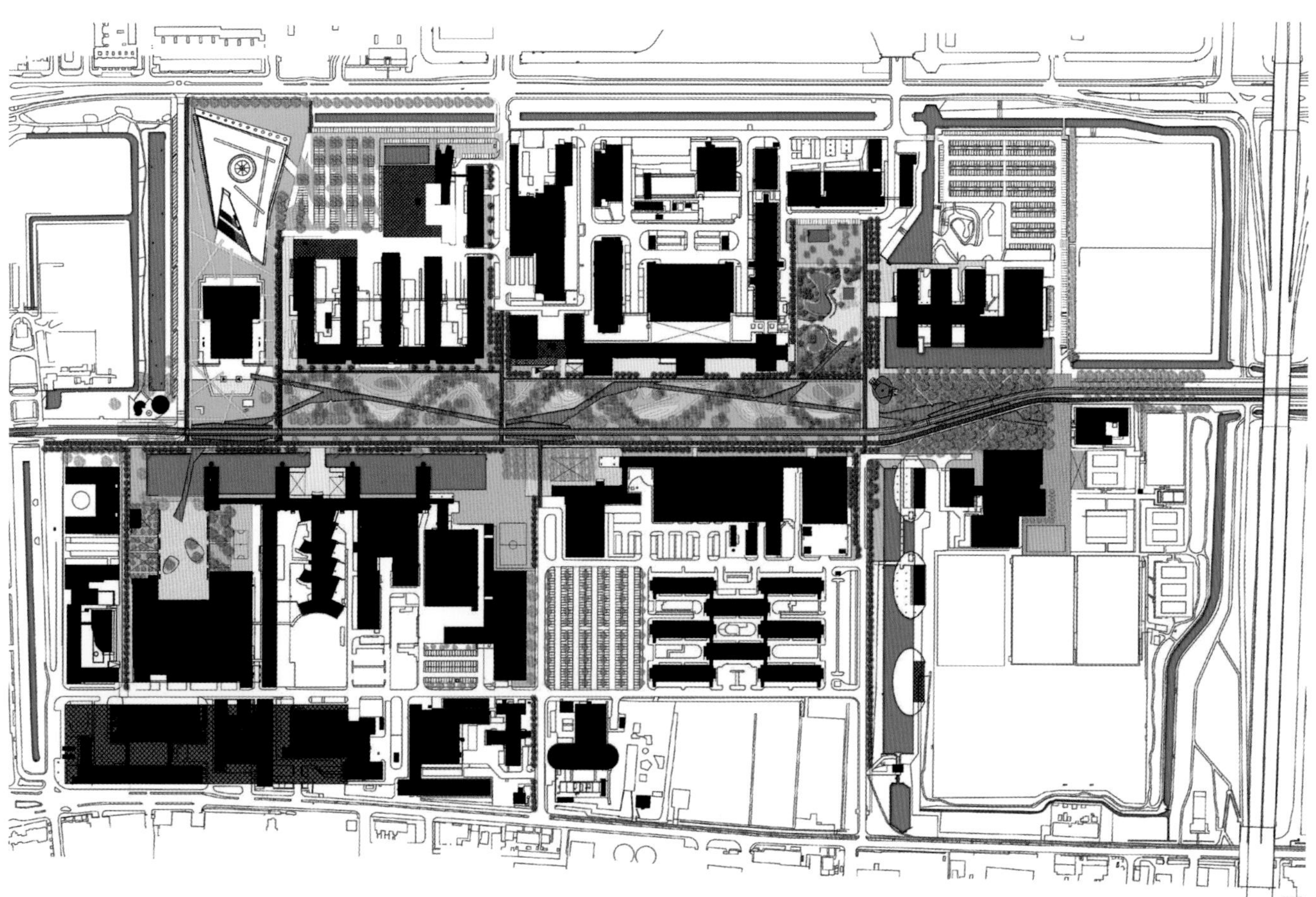

会议场所和试验场

梅克尔公园是代尔夫特理工大学学生（包括国际生）非正式的会议场所，同时也是大学试验场。应用工程成果一旦通过年度申请，就可以在户外进行长期展览。梅克尔公园是大学活动的理想地点，开放日和学校推介周都可以在这举行。在未来，梅克尔公园教学楼入口都会有露台，开商店、餐馆和咖啡厅，让改造更具校园范。

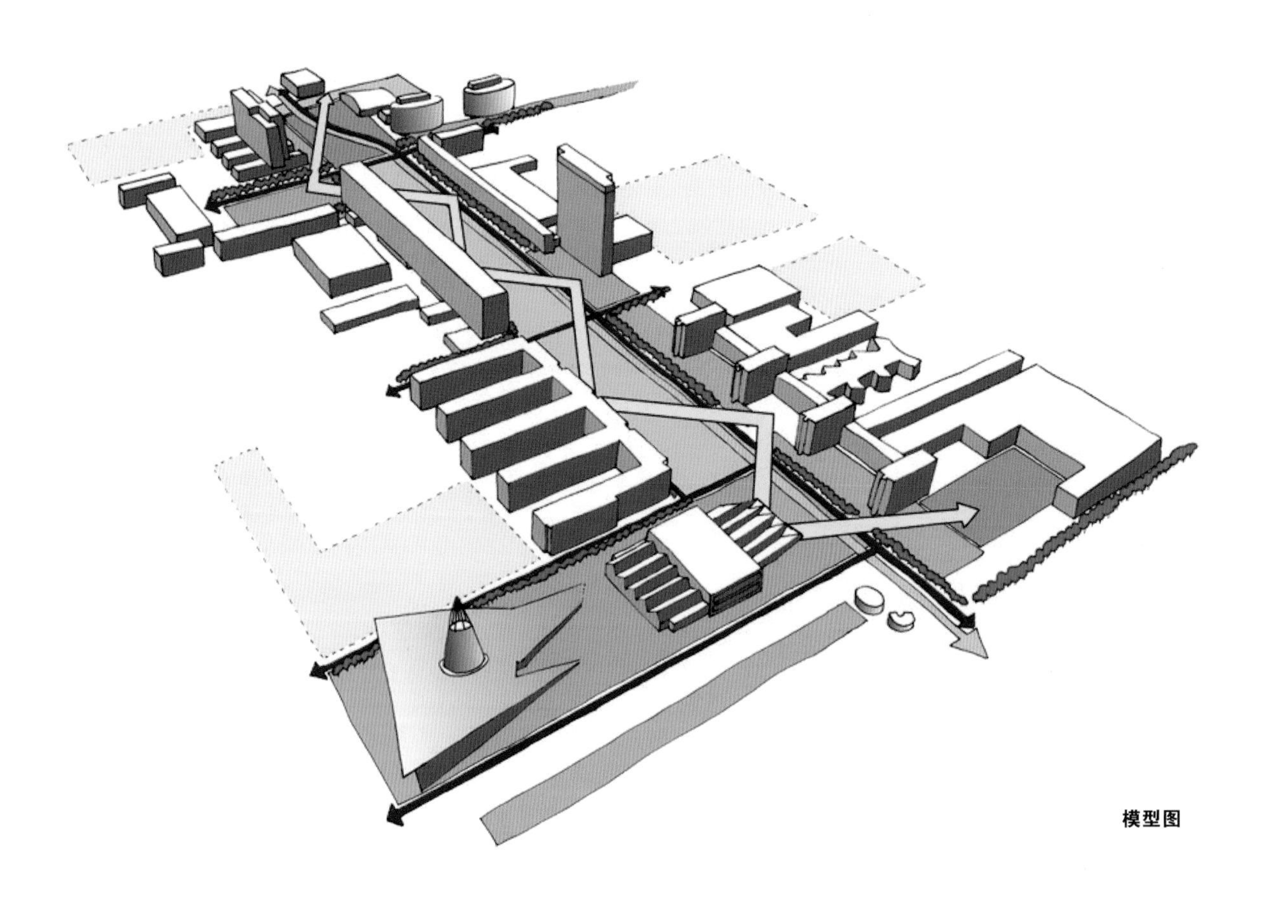

模型图

TU Delft

维多利亚公园购物中心的莫奈大道2.0

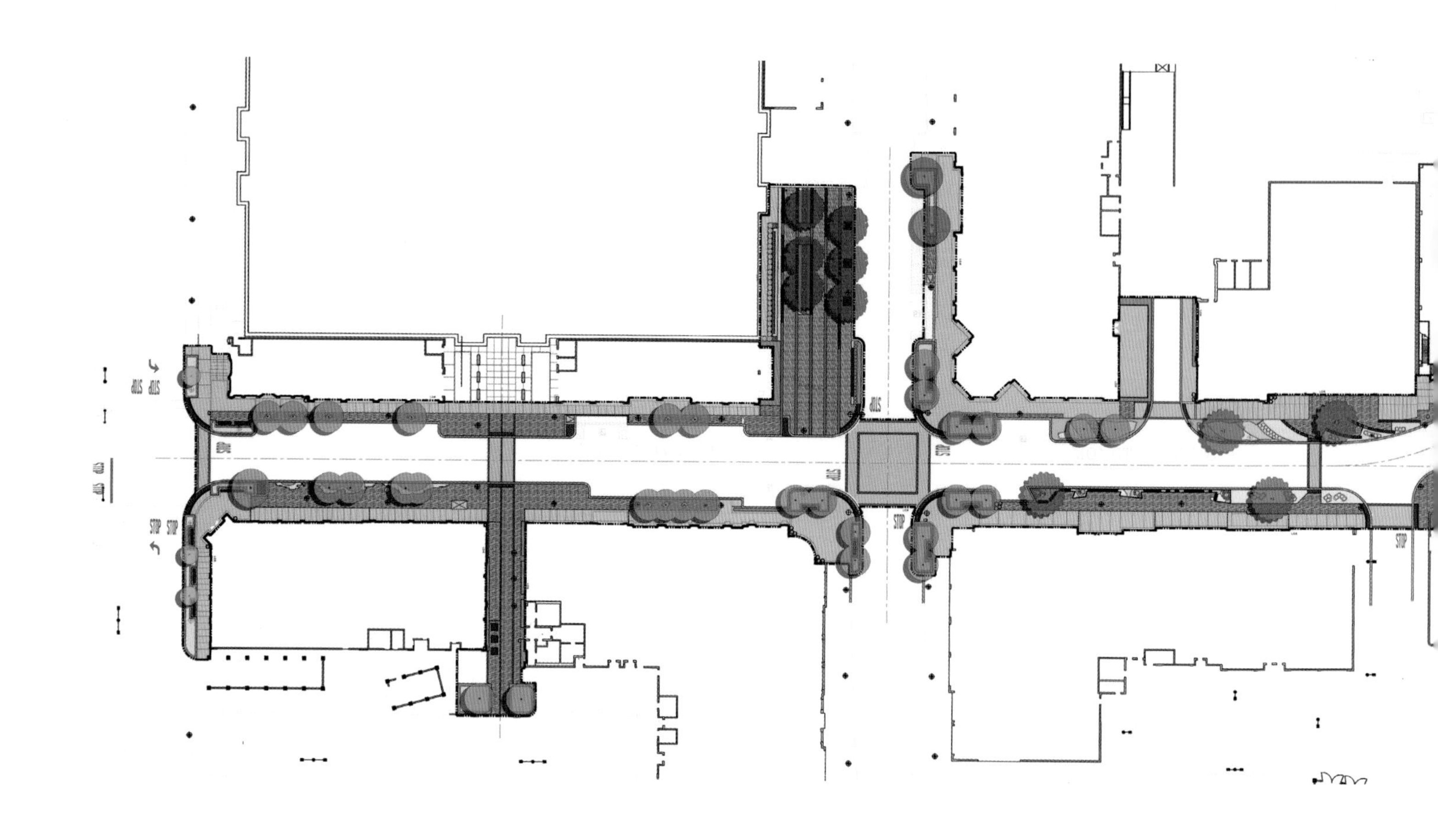

项目地点
美国，维多利亚
竣工日期
2015年
景观设计
SWA集团
面积
40,000平方英尺

工程目的

在零售发展势微的背景下景观建筑的解决之道。

维多利亚花园购物中心是当代零售发展的领头者，是内陆帝国唯一的高品质的公共场所。作为零售街，在过去10年间，它一直都很成功。虽然商业上的巨大成功和地方竞争力的缺乏让其成为行业翘楚，但是顾客的减少已是不争的事实。莫奈大街上，店面寥寥，开发商们已经意识到电子商务给他们造成巨大损失，于是向我们的设计团队寻求解决方案。

解决方案给予了公众愉悦难忘的体验，这些都是电子商务无法匹敌的。如今到实体店购物除了方便，更多的是娱乐体验。作为景观设计者，我们尤其擅长满足这方面的体验，在户外零售环境中更是如此。

经过实地调研，我们发现最佳的行人体验是他们最愿意光顾的地方。而类似莫奈大街这种道窄设施少的地方，几乎无人光顾。问题似乎可以迎刃而解：提高行人体验，他们就会光顾。

在维多利亚花园购物中心提高行人体验主要集中在四个方面。一是行人空间的扩大。移除了利用率不高

American Apparel
American Apparel
STOP

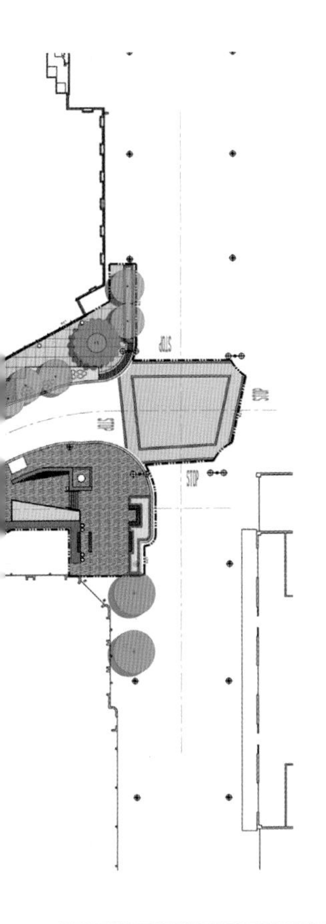

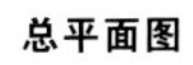

总平面图

JCPenney
JCPenney
THE MELT

URBAN HOME

的平行停车位，扩展空间。二是新开发的空间让临街酒店可以摆放户外咖啡座，这样该空间也就有了活力。三是在固定处创建行人休息区及店铺，以加强互动性，提升社会体验。四是引入文化元素。把原有的景观建筑、艺术品和雕塑线条做了模糊处理，这种功能元素提高了人们的审美好奇心，吸引他们到此一游。

工程竣工一年后，用户显著增加。附近的零售店铺，从空无商户到租户排队等候入驻。无论是普罗大众还是商家店铺，都把这里看作品质公共空间。

景观建筑的作用：在较早期，景观设计师，连同建筑师和开发商一起诊断该处商铺减少的原因，找出解决方案并予以实施。整个团队在把如何吸引大众作为突破口后，不仅在经济上给商户提供了成功的产品，而且在品质上给大众也提供了理想空间。

STOP

VICTORIA
GARDENS
LEWIS BUILDING
FOOD HALL
STOP

重要意义

伦秋 - 库卡蒙加和内陆帝国因为缺少高品质公共空间而声名狼藉。莫奈 2.0 大街却体现了维多利亚花园购物中心持续为内陆帝国提供品质公共空间的承诺，而且还加入了更多的文化因素和可持续性。通过实施高效能的行人和社会空间，也为零售发展和商业街的困境提供了解决方案。

特别因素

重新改造已有的项目非常困难。移除平行停车位，改变路缘线，必须处理雨水控制入口。移动这些入口造价高，而且必须改进整个工程排水设施，而单纯这份预算就要高出项目预算。我们的方案是通过建桥解决收支问题。这些桥梁功能性强，造价低，又有雕塑感。

THE MELT

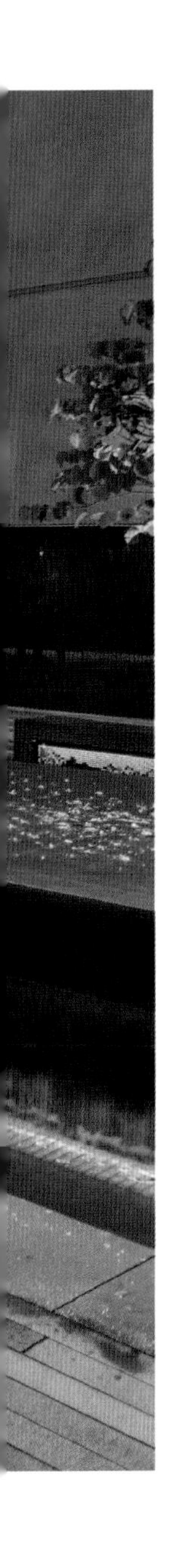

THE MELT
monet plaza
JCPen

JCPenney

BLAZE PIZZA
FAST. FIRE'D

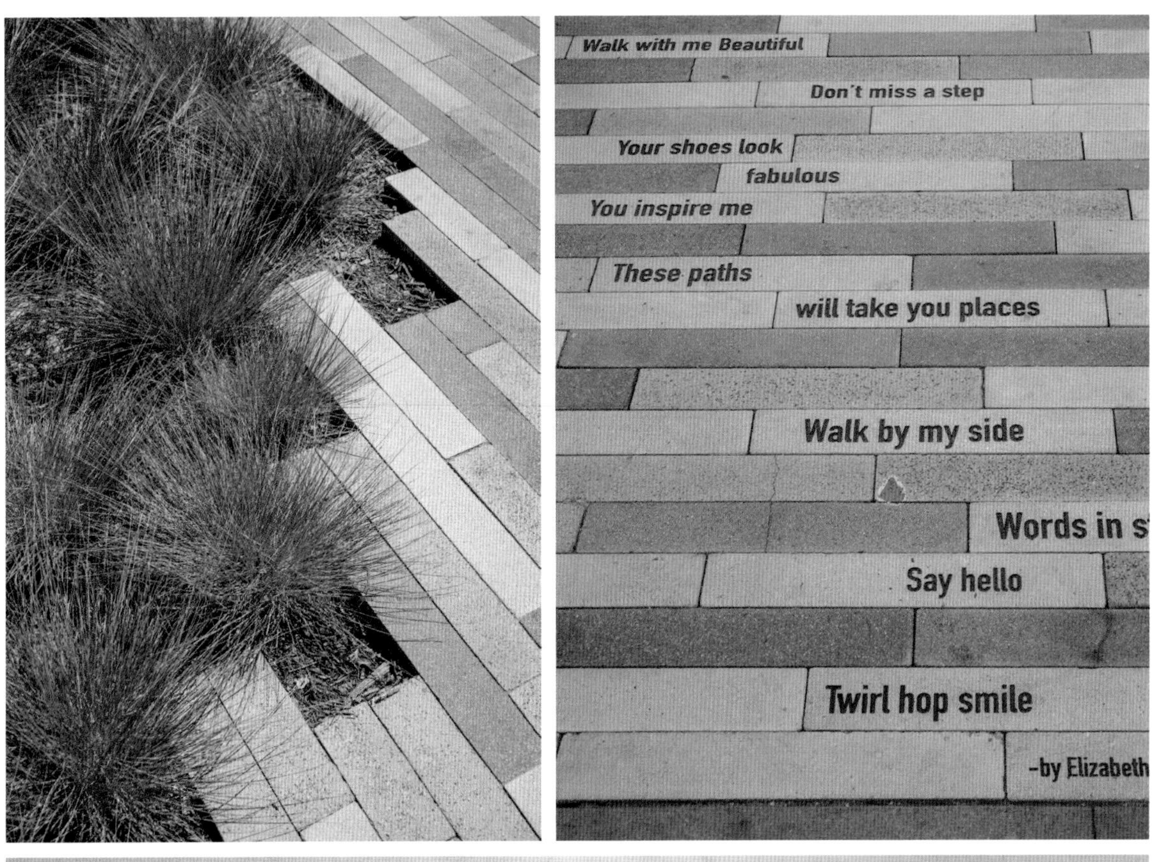
Walk with me Beautiful
Don't miss a step
Your shoes look
fabulous
You inspire me
These paths
will take you places
Walk by my side
Say hello
Twirl hop smile
-by Elizabeth

塞尔·卡尔曼广场

项目地点
匈牙利，布达佩斯
景观设计
建筑人工作室、比例规划工作室
竣工时间
2016年
面积
22,000平方米
摄影
盖尔盖伊·凯内兹

塞尔·卡尔曼广场（Széll Kálmán tér）位于多瑙河西岸的布达（Buda，和佩斯城市合并为布达佩斯城），是布达佩斯市中心最重要的交通枢纽，为纪念匈牙利历史上的政治家塞尔·卡尔曼（Széll Kálmán，1843—1915）而命名。本案是塞尔·卡尔曼广场的翻新，由匈牙利两家设计公司"建筑人工作室"（Építész Stúdió）和"比例规划工作室"（Lépték-Terv）联手设计。广场中有交错的电车轨道和道路，设计的主要目标是对广场内部空间进行清理并合理规划，让广场成为主要服务于行人的公共空间，尽量扩大绿化面积，同时不能让绿化影响人流的通行。休闲区位置的布置建立在人流分析的基础之上，提供最为快捷的路线，休闲区内有灌木、树木、喷泉和长椅。

彻底的翻新重建意味着广场上原有建筑结构的拆除，包括苏联时期的公交车站、商业零售亭以及从广场上穿过的电车轨道。唯一的例外是扇形结构的地铁站，建于20世纪70年代，在过去的几十年间曾经非常繁华，四周有各种小店，影响了环境的视觉通透性。这个地铁站是当地的标志性建筑物，成为市民的休闲娱乐聚集地。新的建筑物，包括服务中心和电车车站，延续了地铁站建筑材质的粗犷感觉。在这个广场上，色彩来自从中穿行的人群，而不是来自建筑物。

设计师这样描述广场的设计："*设计过程中最艰巨的挑战来自规划中既定的基础设施布局。尽管这里是布达佩斯最为繁华的地区，也是问题最多的交叉路口，但是在建筑和景观设计上，委托方并未要求设计*

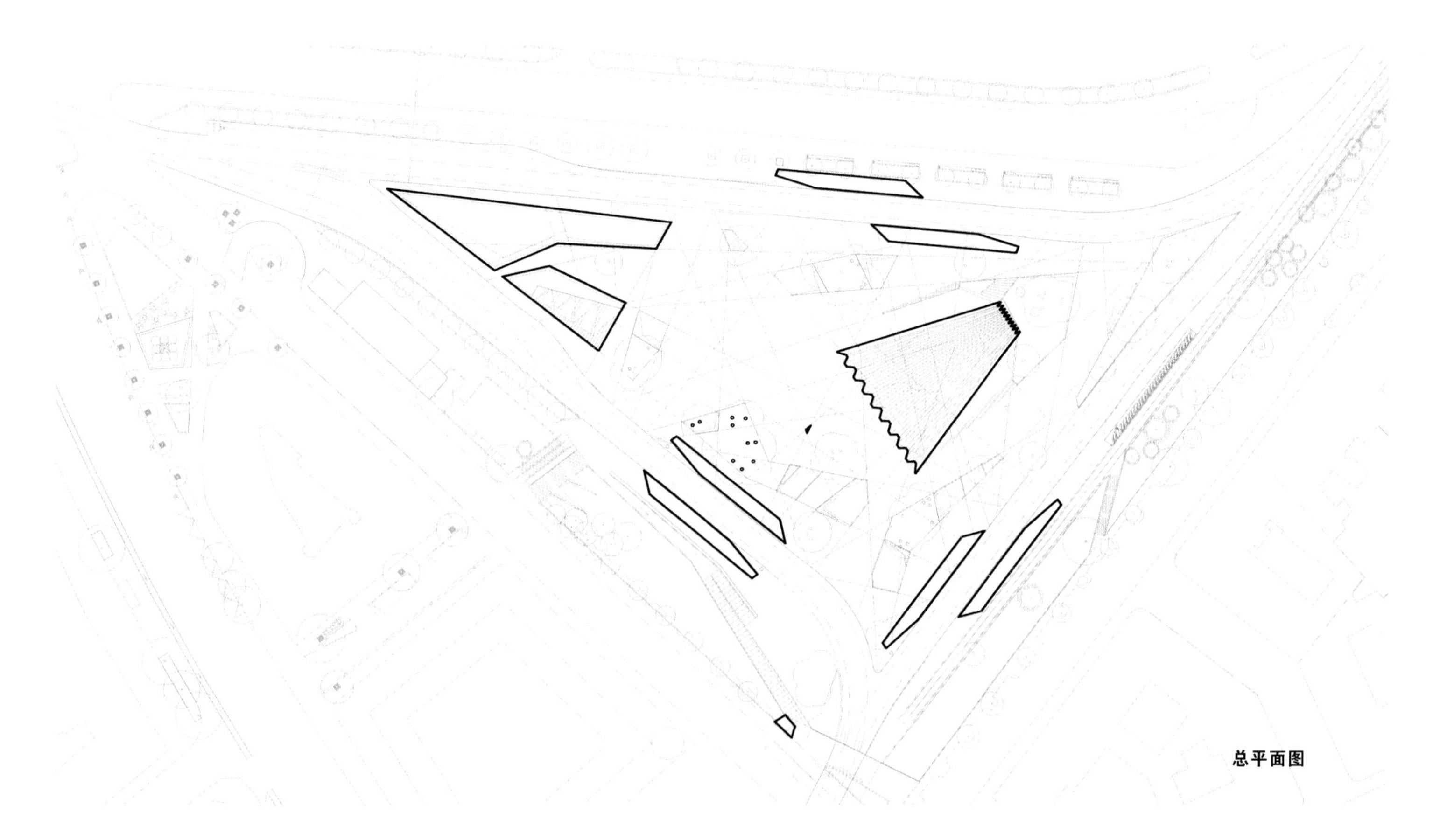

总平面图

MALL.HU
KFC
McDonald's

方案考虑周围城区环境或者对基础设施的布局进行重新设计，而是让我们为交通工程师的设计进行‘化妆’。在这样的要求之下，设计的目标就变成发掘广场的特色，使其从周围的城市脉络中脱颖而出。周围有绿化坡地和林荫道，每天这里有超过20万的人流量。设计决策是让广场成为交通的背景环境，低调又实用。同时，在不影响交通功能的前提下，在永远繁忙的交通环境中营造出小小的休闲绿洲。”

Széll Kálmán tér
Széll Kálmán tér

Bérelhető
+36 30 445 3478
Kálmán tér

等待下一个十分钟——北京五道口宇宙中心广场改造

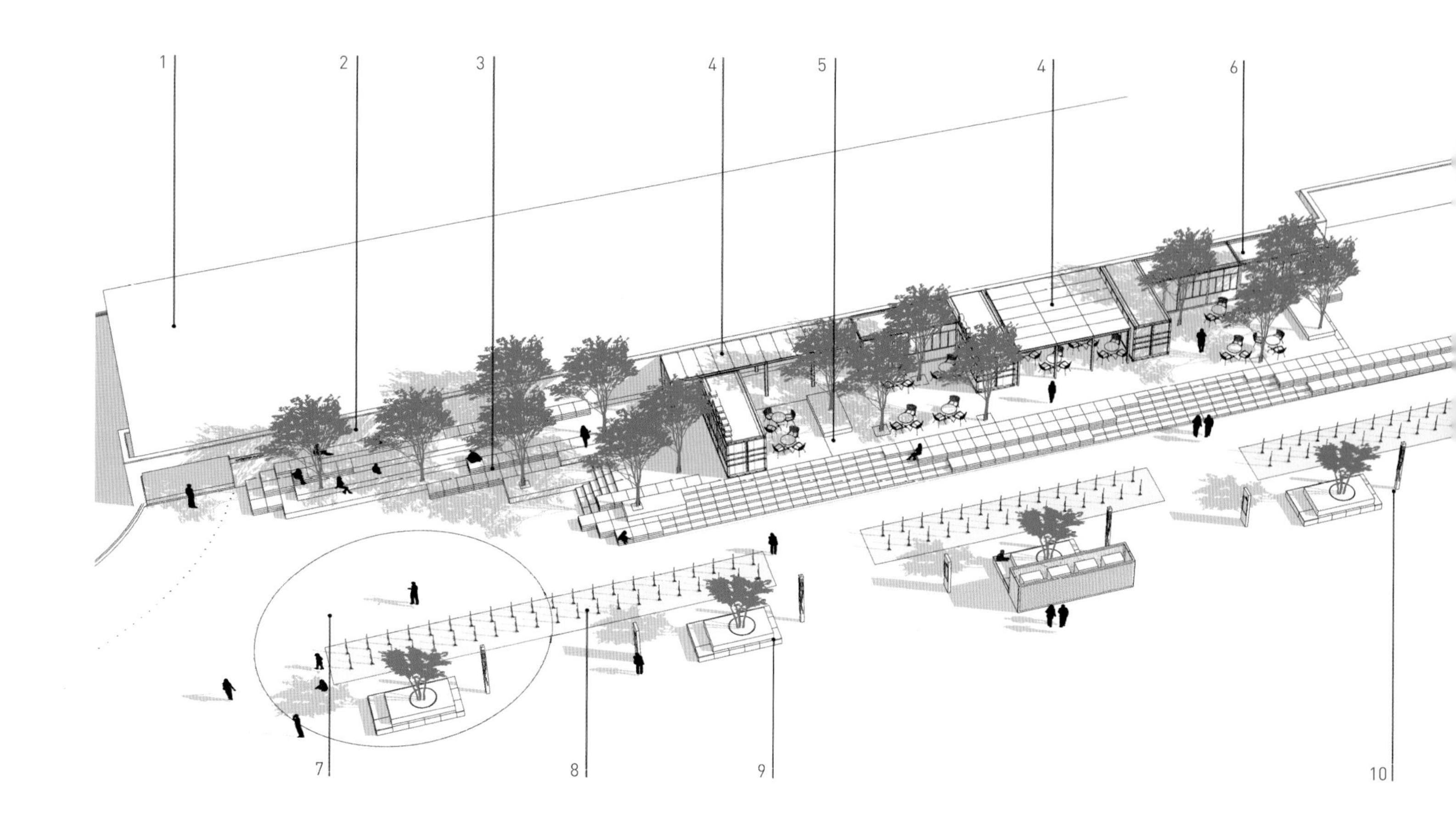

项目地点
中国，北京
面积
3,600 平方米
景观设计
张唐景观
摄影
张海

宇宙中心是著名的购物中心，位于北京五道口地铁站拥挤的路口拐角旁边。周边写字楼及多家知名大学（如北京大学、清华大学和北京林业大学）步行可达。张唐景观工作室受托在宇宙中心大楼的东侧恢复线性通道。目的是创建游人喜欢而又充满活力的场所，附近的居民可以在这里享受品质生活。同时，宇宙中心也会因为零售店的增多而从中获益。

设计团队受五道口的绰号宇宙中心的启发，大胆地设计了旋转转盘。 作为整个地区的焦点，其作用就像是宇宙中心一样有力。 这处景观打破了线性空间的单调。人们已经不仅仅将其当作通道来看待。

在线性喷泉边随处可见绿树和座凳，人们坐下来休息，与水互动。直径 17 米的圆盘位于广场入口，里面有一组可以转动的喷泉、灯光、树和座凳。这个转动有 50 分钟，当转盘里的这组泉和树等回到原来的位置时，泉水开始涌动。这个喷水持续 10 分钟。然后继续下一个 50 分钟的转动。然后等待下一个 10 分钟。

一小时的周期把时间的度量和空间设计结合起来。宇宙中心广场成为人们休憩、赏玩、嬉水的地方，或者人们就在这里简单地感受时光流逝。工程结束后，此处很快成为当地社区的最爱。

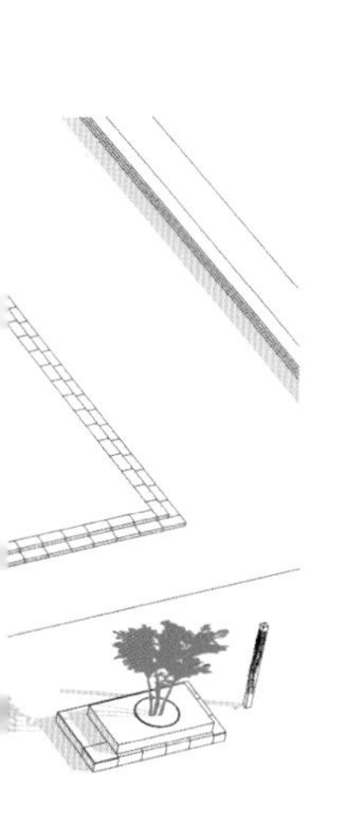

总平面图

1. 自行车棚
2. 涂鸦墙
3. 阶梯广场
4. 藤架
5. 咖啡厅平台
6. 小亭
7. 旋转平台
8. 音乐喷泉
9. 花池
10. 灯柱
11. 告示牌

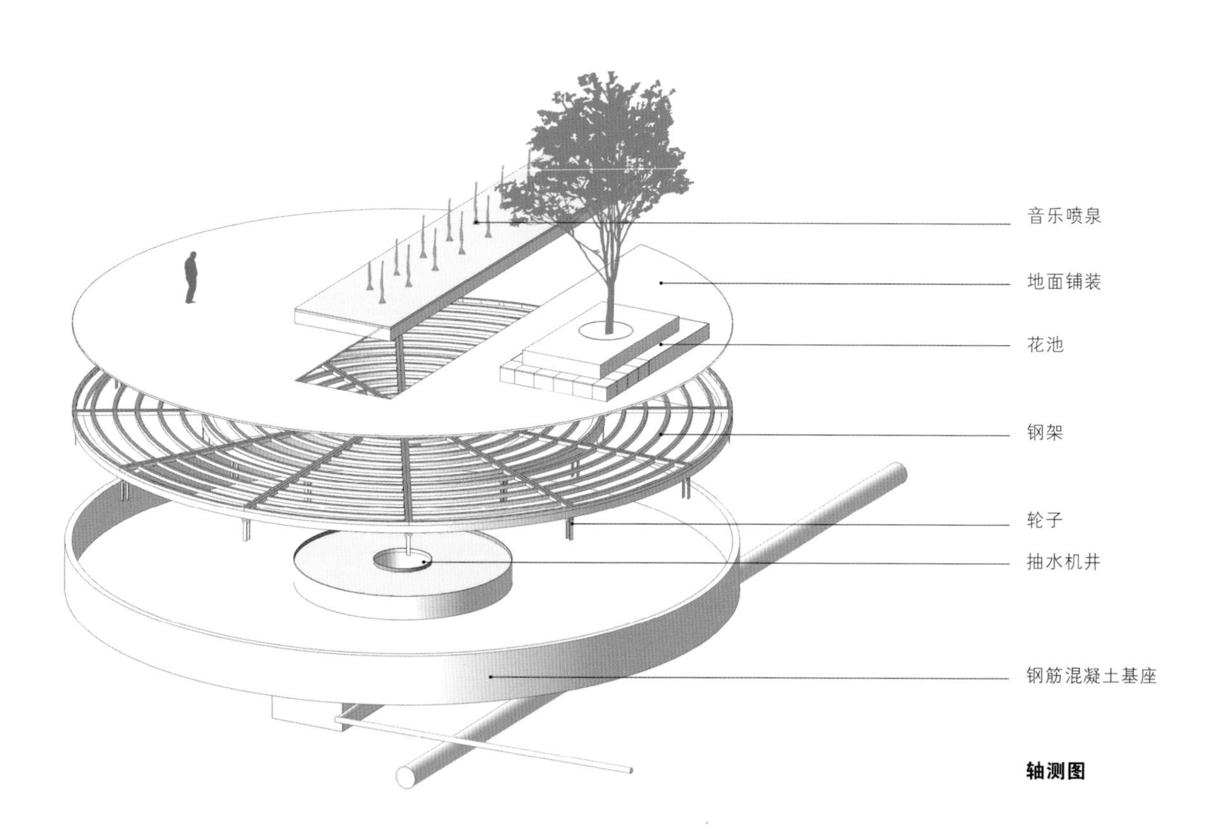

轴测图

人们在这会友，家人来此嬉水乘凉。感受圆盘和泉水涌动的魔力成为很多人的生活范示。广场也变成了时装秀和表演的舞台。该工程很好地诠释了特有的转动喷泉是如何把死气沉沉的通道后场转化成充满活力的都市诱惑之所。

在卢布尔雅那的斯洛文尼亚大道改造

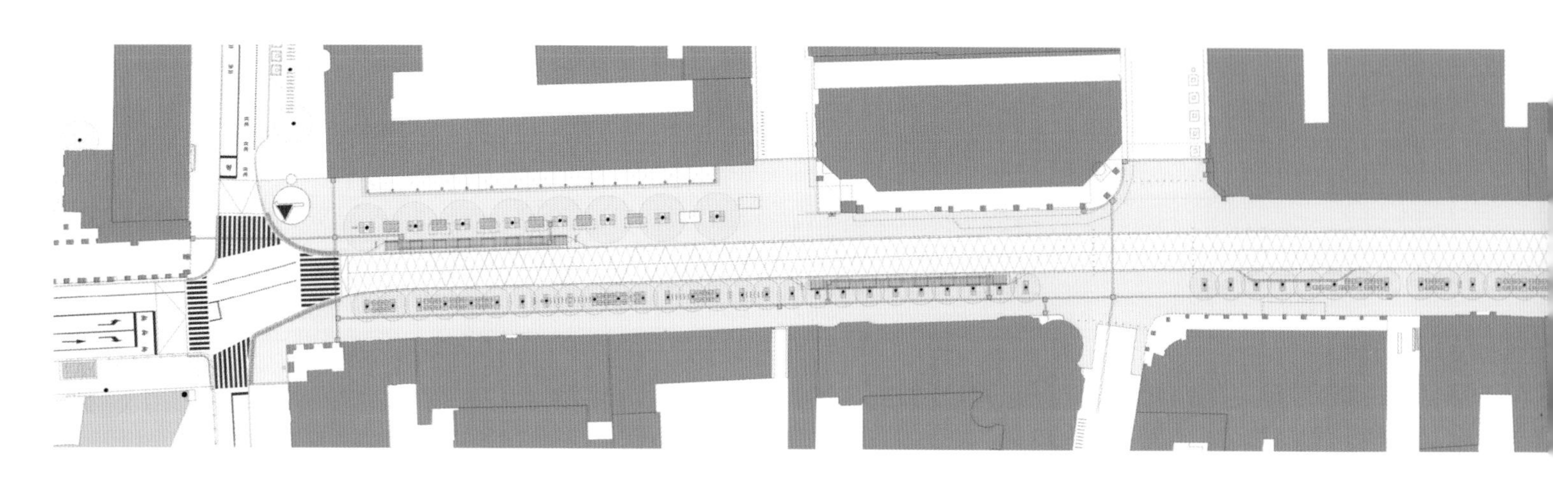

总平面图

项目地点
斯洛文尼亚，卢布尔雅那
竣工日期
2015年
景观设计
Sadar + Vuga建筑事务所
摄影
米朗・凯姆彼克
面积
14,000平方米
客户
卢布尔雅那市政府

在过去10年间，斯洛文尼亚首都卢布尔雅那已经从一个沉睡的后社会主义小城转变为一个现代的欧洲都市，一个越来越受欢迎的旅游目的地。对公共空间的系统化重建使该城市于2012年荣获欧洲公共空间奖，并于2016年获得斐名全球的“欧洲绿色之都”称号。

该城市的主要街道是南北向纵贯城市的斯洛文尼亚大街。街道的不断变化也是城市发展的象征，就像在这里拔地而起的第一栋摩天大楼，在这里建设的第一个现代化居民社区等，这里是这座城市重大历史事件和活动发展的舞台，比如马拉松比赛，一年一度的自行车大赛，各种巡游活动等。该城市高中学生曾经打破世界纪录的方块舞也是在这里举行的。从某种意义上说，它是一个正在演变的空间，一个预示着朝着何方奋斗的空间。

在20世纪60年代，该城通过拆除历史建筑扩宽道路，这有点类似于巴黎奥斯曼的林荫大道。马路变成四车道后，越来越多的车辆穿越市中心。当时，交通被视为活力的象征——交通越发达，城市越有活力。

通过逐步扩张来满足汽车的通行很快表明并非上策。通过实施严格、统一的交通政策，以及修建其他路线，该城市终于在2012年实现禁止斯洛文尼亚大街通行汽车。

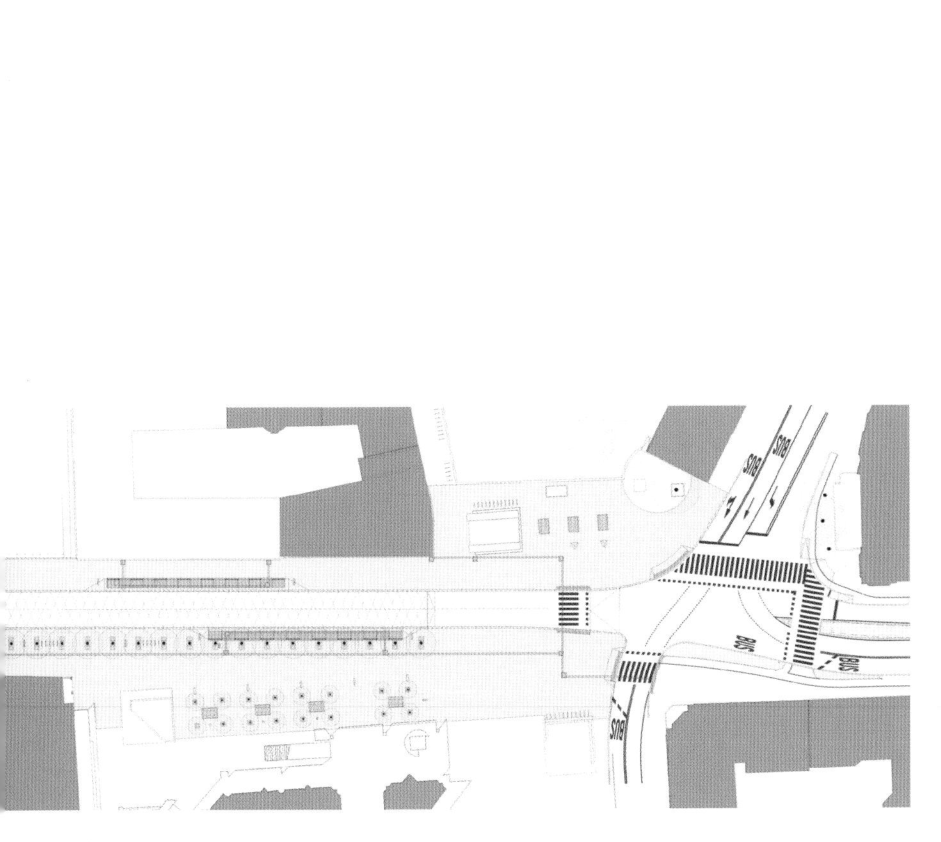

nama
BUS

在 2012 年，该城市征集规划，有 4 家杰出的建筑事务所参与其中。几家公司的规划出来后，很快就发现问题很复杂。斯洛文尼亚大街位于市中心，是公共交通主动脉，每天 1600 多辆公交车从此处经过。巧合的是，它与连接城市中心与中央趣伏里公园的主要步行长廊相冲突。它周围都是类似国家银行这样重要的机构建筑，而且周围的环境都是受保护的遗产。

因此，四家事务所决定给该项目提供一个综合解决方案。在历时两年多的设计过程中，经各行各业（如混凝土和植物学等领域）专家论证，他们创造了一个看似简单却又细致入微的解决方案。

已经完成的改造只是第一阶段，在未来，街道将持续整修，最终延续至内环。

工程的整体设计理念

新斯洛文尼亚大街改造项目是基于公共空间设计方面的前沿理念。尽管行人和公共汽车交通量很大，但它被设计成一个“共享空间”，一个用户可以平等参与的空间，一个高差被降到最低的空间。

原来的四车道马路被改造成中心城市大道。街道分为树木区、混凝土路面和铺砌过的步行区。

改造的灵感来自于欧洲各大城市具有代表性的大街，那些大街总有垂直和水平两个关键要素。在本案中，水平方向上呈几何图样的人行道和竖直方向的花白蜡树，就像是条精美的地毯，也是场视觉盛宴。

通过把车道修窄，就腾出更多的空间供行人、骑车人使用，也就可以有更多的餐馆和酒吧花园。

路面

道路设计中最关键的因素是路面。两种形状和颜色的铺路石组合形成的几何图案起到了装饰地毯的作用，同时增加了城市空间的光学尺寸。

城市家具（座位、垃圾桶等）：街道上的城市家具可以让人们驻足休息。加之在人行道上的酒吧和餐馆的增多，以前的车道变成了一个城市居住空间。

植物：街东新栽了一排花白蜡树，在午后阳光的照射下熠熠生辉。花白蜡树不仅抗污染，而且在春天白花开放，秋天叶片变亮黄，把这片空间点缀得非常美。

改造前后街道的比较

两处大型公共汽车站使街道成为真正的公交枢纽。如果有许可证，私人居民和酒店客人还可以进入原来的大楼。这条路原来是汽车优先，现在是公交、行人和骑车者优先。在市中心保持可持续的机动性和公共交通是该市在其运输政策中迈出的关键一步，这也是欧洲绿色首都 2016 项目中的一个重点项目。

因此，改造后的斯洛文尼亚大街体现了卢布尔雅那市的未来。这是对中心城市也就是首都的视觉改造，但更重要的是其功能性。在这方面，公共交通、行人和骑车者获得了优先权。街道一直是城市展示其所追求的未来的所在。所以本案所展示的未来就是公交、行人和骑行者优先于汽车，而在这里它们相处得极为和谐。

nama

派乐蒂斯广场的都市改造

项目地点
西班牙
竣工日期
2015 年
面积
1,515 平方米
景观设计
domingoferré arquitectes 事务所
获奖
入选罗莎・芭芭拉国际景观奖；入选洛桑城市连接计划奖

派乐蒂斯广场隶属于塞尔达尼奥拉（Cerdanyola），周围有 600 户人家，由马托雷尔・博伊加斯・马凯（Martorell Bohigas Mackay）团队在 1980—1982 年设计。

这个街区由两个大岛组成，周围是预制的地下 8 层。这里人口稀少，支离破碎，城市社区和环保停车场使用混杂，也没有任何商业或社会活动。

街区之间的这种阴暗的环境如今被改造成一个公共社会空间，具有了身份象征。

“地毯”在日常生活中可以象征聚会之地，欢迎人的地方，也是欢乐空间。整个社区不仅感谢它的存在，对它产生了认同，也愿意与它相生相伴。生活在附近不同的文化“地毯”相互交织，形成独特的文化马赛克。

这个广场使用的都是低技术和低成本的传统材料。一次重大经济危机也让大家对劳动有了切身体会。工作提高了在此工作的人的自尊，个人和集体都与劳动紧密相连，工人也成为精加工工艺的主角。

在技术上，该项目需要解决陈旧的排水系统和进入以前不存在的所有入口的问题。一个 4% 斜坡计划解决了这些客观问题。

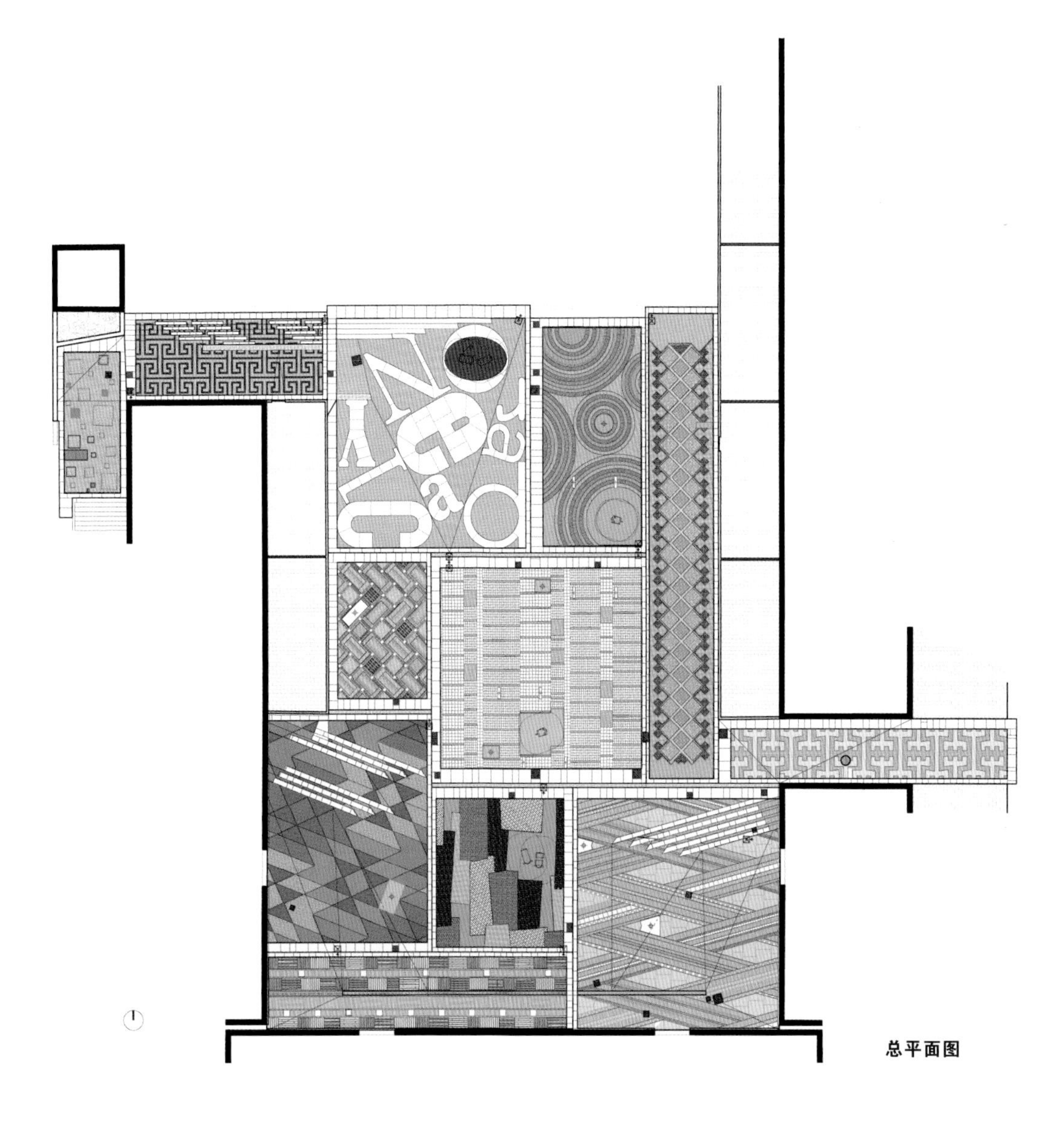

总平面图

难以归类的无名景观自生自灭。

似不存在的（突然涌现而且范围远超出其所在范围）但最美丽的视觉可从周围房子中看得到。大家透过向外倾斜的窗户欣赏新景观，享受美丽风景。而这片新风景也改善了他们的家园。

第三章

历史文化遗址改造设计

城市应该为居民提供更多的开放式空间

——访美国景观设计师大卫・弗莱彻

活力、安全、绿色、健康，这是世界上大部分城市希望创建的生活环境。在您看来，城市应该如何为市民创造最佳的居住环境？

城市应该为居民提供更多的开放式空间，采用大型绿色基础设施，让人更靠近自然。绿色基础设施的好处有很多，包括：营造野生动植物栖息地、雨水处理和再利用、处理碳排放、减少污染等。许多出色的设计团队和工程团队可以合作，让城市空间变得更有意义、更令人难忘。

据说现在世界上一半的人口生活在城市，也就是说，世界的一半是城市环境。景观设计在城市环境更新中应该扮演怎样的角色？

在过去的十年中景观设计经历了一次“复兴”，国际上涌现了大量杰出的公共环境设计。能在这样的时代从事景观设计，我感到非常幸运。随着城市人口的增长，城市也开始去利用和改善从前被遗忘的、被误用的、被忽视的空间，比如说地铁、未经开发的河道、工业滨水区等。现在景观设计师扮演的角色应该是跨学科设计团队的领导者之一，去处理那些未开发的空间，开展设计，甚至常常是彻底改造那些空间。今天的景观设计师必须既是科学家，又是艺术家，运用各种知识和技能去解决相互关联的空间的复杂问题。

如何在保持原有地形和历史风貌的基础上开展景观设计？

我们很幸运能在旧金山和旧金山湾区工作，因为在这个地区，地理条件和历史风貌常常会是

大卫・弗莱彻

大卫·弗莱彻（David Fletcher），美国景观设计师、城市设计师、教授、作家，毕业于加利福尼亚大学（University of California），获景观设计专业学士学位；哈佛大学设计研究生院（GSD），获景观设计专业硕士学位。弗莱彻的设计作品涉及城市水体、绿色基础设施和后工业城市化等。弗莱彻是弗莱彻设计工作室（Fletcher Studio）的创始人，工作室位于旧金山，凭借创新的设计已经获奖无数。弗莱彻工作室涉猎景观设计、城市设计和环境规划等方面，为客户提供全方位的专业设计服务，曾设计的项目类型包括公共空间、公园和区域规划等。

项目设计的决定性因素。旧金山可以说是世界上地形最有挑战性的地方之一。就美国而言，这里也有比较深厚的历史底蕴，可能给空间设计带来灵感。我们的设计总是以针对用地的历史和环境的深入调查研究为起点。我们还会请教历史学家，去档案馆查资料，与当地居民面谈。将历史的维度纳入设计很重要，但是对于如何运用，如何在设计中表现历史，要考虑清楚。通常我们会采用便利设施的方式，偶尔会用一些展示元素来象征或者表现当地的特殊事件或者意义。历史元素的运用需要深思熟虑，使其针对不同类型的人群能够传达不同层次的含义。如果使用展示元素的话，我们常常会进行一定的抽象化处理，让这个元素既能隐含地喻指历史，又不会因为过于详细的细节信息而影响了设计感。

城市环境中，尤其是后工业用地，土壤往往是受到污染的，如果要移除污染土壤的话，费用会很高。我们的城市用地设计策略是尽量不移除土壤，而是用地形塑造和现场修复的方式来解决这个问题。南部公园（South Park）是加利福尼亚州的一座古老城市中历史最为悠久的公共环境。长期以来，南部公园年久失修，经过几次非系统的改造和修缮。根据资料记载，南部公园在历史上的唯一特色就是其形态：一个加长型的椭圆形，还有外围路缘的圆角造型。项目设计充分利用了这两个几何造型，将其应用在铺装和围墙的设计中。步道采用现场浇筑的混凝土铺装，使其看上去像是一个个椭圆形药片，搭配沿着公园南北轴线布置的条形石。这两种元素相结合，让步道在宽度上可以根据外部空间的变化进行适当的调整，路缘也可以根据用地的具体情况进行细微的变化。

南部公园这个项目的主要特色是什么？

有两大特色：灵活的步道系统和适合所有年龄段使用的游乐场。专门设计的游乐设施，造型的灵感来自两个相连的圆圈和海洋裸鳃类软体动物的美丽的流线造型。游乐场周围也使用了

圆角路缘，高出地表，围成一圈，与中央的游乐设施相呼应。游乐设施下的草坪有一系列土丘，具有多种功能：既是非正式的游乐空间，也为游乐设施与地面接触提供了衔接点，还在游乐设施外围留出了灵活的空间。

景观更新项目的设计应该首先关注哪些因素？为什么？

跟当地社区居民充分沟通，理解设计用地的用途，还有周围的环境。这些都是要首先关注的。原有空间的使用情况，有哪些使用功能，从这里经过的人流，都要进行分析。

有没有什么人曾经深刻地影响到您对城市环境更新设计的理解？您对这类公共环境的期望是什么？

是的，有很多人。西8事务所（West 8）和哈格里夫事务所（Hargreaves）给我很大启发。我的目标是：不过分明确地定义空间的使用功能，打造充满活力、赏心悦目的环境。

您正在做的项目里有没有特有趣的或者有启发性的项目？近年来有哪些您感兴趣的项目？

我们正在做一个滨水区项目，叫作暖水湾（Warm Water Cove），包括新的步道系统、花园和社区艺术中心。非常难得的是，所有墙面和地面都使用回收利用的混凝土。我们还在做一个户外博物馆和散步大道的项目，也令我们充满期待。

最后，回顾您的设计生涯，您对有意踏入景观设计行业的年轻人有什么建议？特别是对景观更新项目感兴趣的设计师，有什么建议？

最重要的一点是要学习设计的过程，在你想不到的地方去寻求灵感。灵感要到这个行业之外去找。可以去一些艺术展或者艺术节。培养批判性思维和独立思考的技能也很重要，而这些技能往往是在科学教育领域出现，而不是艺术领域。学习设计的过程，而不仅仅是设计过程的结果。从科学领域学会的批判性思维，还有对艺术的好奇和渴望，这两点是我做景观设计的原动力。

景观更新改造：打造美观、实用、令人难忘的城市环境

——访德国景观设计师斯特凡·罗贝尔

活力、安全、绿色、健康，这是世界上大部分城市希望创建的生活环境。在您看来，城市应该如何为市民创造最佳的居住环境？

绿色开放式空间对城市居民的生活质量起到至关重要的作用，是人们休闲聚会、体验自然、参与社会活动的重要场所。新型的公园鼓励民众的参与，以此提升社会凝聚力。城市绿化空间的这种积极的作用正变得越来越重要，越来越受到人们的重视，公园逐渐成为城市的地标环境，比如纽约的高线公园。

据说现在世界上一半的人口生活在城市，也就是说，世界的一半是城市环境。景观设计在城市环境更新中应该扮演怎样的角色？

城市和景观已经不再是对立面了。对景观设计来说，城市和景观对立关系的消解，为我们将景观与自然融入城市的功能空间创造了机遇。公园成为一种开放式空间的综合体，将各种功能空间结合在一起，包括传统的核心功能——文化娱乐功能，也有附加功能，比如城市园艺。举例来说，德国克里拉格公园是埃蒂和福什军营区的一部分。它是市区与生态栖息地之间的重要过渡地带，也是各种休闲、体育设施的聚集地。

如何在保持原有地形和历史风貌的基础上开展景观设计？

任何一个地方都需要仔细地去理解和诠释。用地原有的情况可以进一步开发，其独特性可以发扬光大。然而，这并不意味着我们就可以抄袭历史。相反，我们要将既有元素与新的环境结合。还是以克里拉格公园为例，我们将游乐和体育设施融入原来杂草丛生的环境中，诠释了如何通过新的设计和使用功能来表现空间特色。

斯特凡·罗贝尔

斯特凡·罗贝尔（Steffan Robel），1972年生于德国皮尔玛森斯市，A24景观事务所（A24 Landschaft）创始人、执行董事，曾在柏林工业大学（TU Berlin）和荷兰劳伦斯坦农业大学（Internationale Agrarische Hogeschool Larenstein）学习景观建筑，在德国魏玛学习施工管理。在2005年创办A24景观事务所之前，罗贝尔从事过多种职业，曾在汉堡港口城市大学（HafenCity University Hamburg）和安哈尔特应用技术大学（Hochschule Anhalt）任讲师。罗贝尔的设计作品曾在德国国内外获得各类奖项。自2006年以来，罗贝尔一直担任设计竞赛评审员。

埃蒂和福什军营区公园项目最大的特色是什么？营区更新改造的决定是怎样形成的？设计中如何将既有元素融入新的环境？

克里拉格公园的游乐设施与埃蒂和福什军营区公园原有建筑的结合，是更新重建类项目的完美范例。原有的军事训练场地直接跟新的环境无缝衔接。作为有着将近200年历史的军事用地，营区因为植被的生长而呈现出独一无二的环境特色，多年来已经形成了一片人迹罕至的生态栖息地——艾本博格自然保护区（Ebenberg Nature Reserve）。营区的大部分场地不适合改造成居民区，原有的设施进行了拆除。只有少部分的建筑保留下来。在原规划结构和空地的基础上，我们打造了新的环境构成，景观与建筑相结合的布局，让这里成为城市与自然的过渡地带。

做城市景观更新类项目，最重要的是什么？

对新的设计，最重要的是要让原有的自然环境融入设计之中，头脑中永远不要忘记生态环境这一点。这样，环境的景观美学与用地的生物多样性就巧妙地结合起来了。在埃蒂和福什军营区的设计中，我们希望让设计与自然保护区的环境和谐共存，为市民的休闲生活打造一种现代的、适合不同年龄群体的环境。由于自然环境不断变化以及环境功能的开放式设计，这

里总是处在不断地变化之中，而不是形成一个固定的景观环境的形象。

有没有什么人曾经深刻地影响到您对城市环境更新设计的理解？您对这类公共环境的期望是什么？

我们这一代景观设计师是看着一批后工业景观项目的神奇改造成长起来的。这些项目将从前的工业环境改造成美观实用的休闲公园，比如拉茨景观事务所（Latz + Partner）设计的德国鲁尔区的杜伊斯堡北部景观公园（Duisburg Nord Landscape Park）。他们对原有的工业建筑进行了全新的诠释，赋予它们新的使用功能，大胆的设计令人印象深刻。杜塞尔多夫摄影学派（Düsseldorf School）代表人物贝歇夫妇：伯恩·贝歇（Bernd Becher）和希拉·贝歇（Hilla Becher），曾经系统地拍摄大量的工业建筑遗迹，让我们的工业遗产改造项目成为公众的焦点，并赋予其不同的意义。我们几乎所有的此类项目都是运用这样的策略，赋予建筑和景观新的价值——赋予原有的但却隐藏的、被人遗忘的建筑以新的生命。

更新重建类项目有哪些限制？设计这类项目您会用哪些策略？

"历史主义"是景观设计的一个陷阱，它不让我们增加新的东西。我们应该不断挑战自我，不管是在设计美学上，还是在设计的社会功能上。我们现在正在做德国韦因斯塔特市的一个公园项目。在这个项目中，"参与式设计"、公园所有者的构成以及未来使用人群的构成和公园的维护，都是重点考虑的要素。我们以前没做过这样的设计，所以我们现在也不知道最终的设计结果会是什么样的。

近年来有哪些您感兴趣的项目？

今天，城市正在向多样化发展，景观设计项目也越来越多种多样。规划方案不再局限于固定的预期结果，而是开放式的，根据使用者和未来社会的需求而变化。比如柏林就有很多这样的项目，不局限于现有的内容，而是在不断改良、变化，比如格雷斯德里克公园（Gleisdreieck Park）和滕珀尔霍夫公园（Tempelhofer Feld）。同时，我认为景观设计是将碎片空间结合起来，让环境特色显露出来，打造美观的、实用的、令人难忘的公共环境。

最后，回顾您的设计生涯，您对有意踏入景观设计行业的年轻人有什么建议?

根据项目用地的特点进行因地制宜的设计，打造独一无二的环境，寻找属于你自己的方式方法，不要追求那些全球通用的时髦。

德国埃蒂和福什军营公园

项目地点
德国，莱茵兰
竣工日期
2015年
景观设计
A24景观设计事务所
摄影
汉斯·约斯腾
客户
兰道2015国家园艺展览有限公司
面积
27公顷
植物列表
花白蜡树，欧洲铁木，皱叶木兰

兰道市的埃蒂和福什军营公园面积27公顷，预算达1300万欧元，是改造项目的范例。该项目融合了前普法尔茨地区的特色，从而与当地的自然景观形成了紧密的联系。如同依赖于以前军事设施而形成如今的校园体育和娱乐框架一样，它为新小区的未来发展提供了框架。

景观轴线由城市地区一直延伸到公园内，和国家园艺展相邻的埃本伯格自然保护区连接在一起。所有的设计方法基于整体设计理念，完美地实现了将自然保护与娱乐融合，成为一个有机整体。

用可持续的“绿色框架”结合的营房建筑和新的房屋建筑很完美，营造出吸引人的住宅环境。新区中央是社区公园，面积很大，社区公园中心不仅种满了郁郁葱葱的植物，还有一个水池。公园的设计灵感来源于莱茵河上游裂谷的地壳凸起特性，公园设施在美学方面反映出了石头的断裂和分层，体现出自然美。

最被市民所熟知的体育娱乐场地以前是煤场。“经典”游戏和运动场所已经不再开放，取而代之的是各种受现代人喜欢的体育活动。遗留下来不再利用的铁路设施结构以及被保留下来的植物群落形成了设计框架。这一应用充分考虑了生态学，和这片凹地也结合得很精妙。

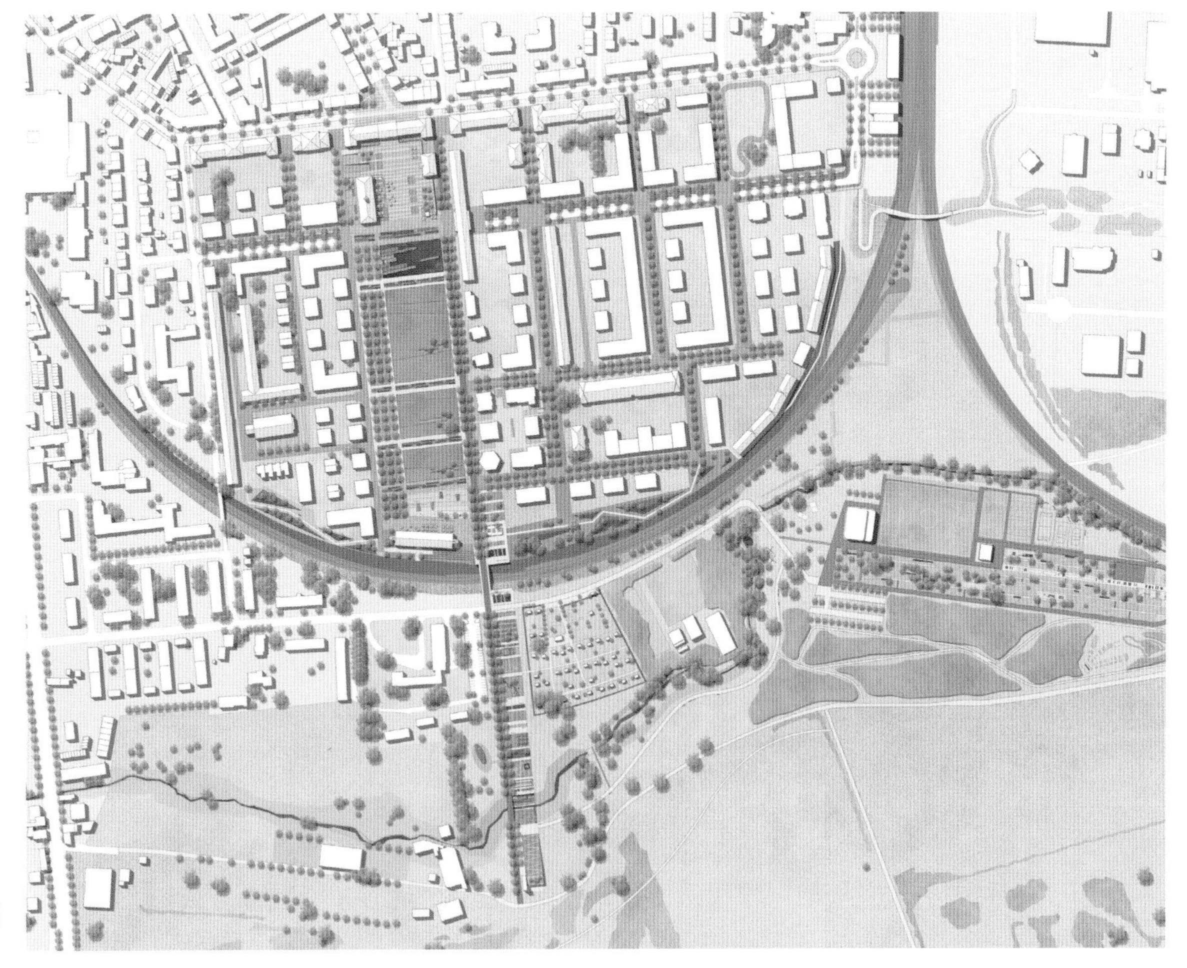

总平面图

景观轴线连接了城市居住区、娱乐活动区域和自然保护区。从营房门前的新广场，沿着社区公园和园艺展览的集中设计区域延伸，穿过自文化景观一直延伸到普法尔茨森林的“普法尔茨南方花园”，最终止于埃本伯格边界处的瞭望塔。在瞭望塔上，人们不仅可以俯瞰全市的美景，还可以整体感受经过改造的营房，全方位地欣赏自然保护区。

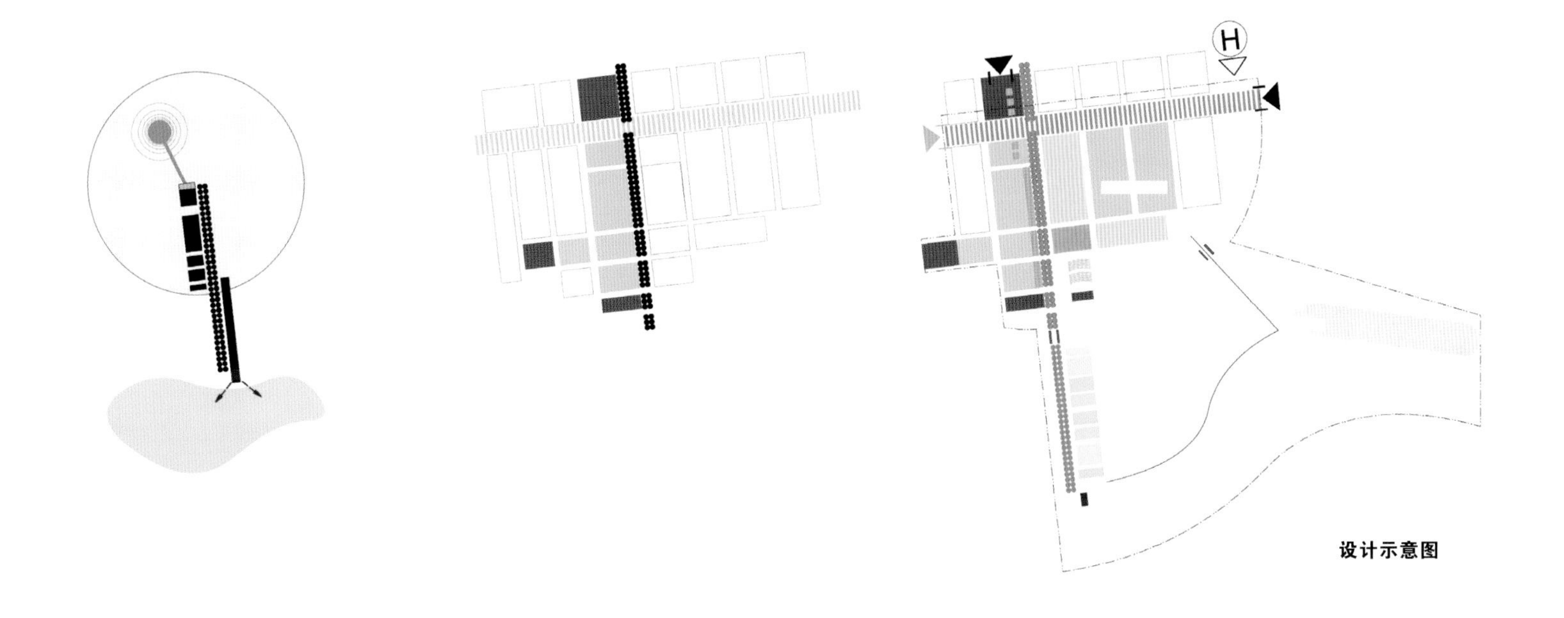

设计示意图

剖面图

莎士比亚新居

项目地点
英国，埃文河畔斯特拉特福
竣工日期
2016 年
景观设计
吉利斯比公司
摄影
杰森・盖恩
客户
莎士比亚出生地基金会（SBT）

*“在新居规划中，植物是关键性因素。它的作用并非简单的‘空间填充’，也不是房屋周围‘漂亮的边界’，而是一种体验，赋予空间意义，增加回忆，并静静诉说这里的故事和住在这里的人的故事。”*菲利浦・史密斯，吉利斯比公司副总裁。

为了纪念威廉・莎士比亚逝世 400 周年，在埃文河畔斯特拉福德新居花园，也即威廉・莎士比亚成年后生活了 19 年的故居，已被改造成一处主要的新文化地标，游客将在这里了解莎士比亚，了解他的传奇故事。

自从加斯特里尔牧师于 1759 年将房子拆掉后，新居一直以花园的形式存在。出生地基金会从未打算恢复故居的各色房屋，而是构想花园重塑后能够提供一个富有想象力和戏剧性的新景展览，借此介绍推广莎士比亚的生活和他的作品。

这一独特场所的重塑由费登・克莱格・巴德利（Feilden Clegg Badley）和远征工作室（Expedition）的工程师们设计，为游客提供了重走莎翁路的机会，并可感受由吉利斯比公司设计的当代植物景观。

基金会邀请皇家工业设计师（RDI）公司中以创意闻名的工程师克里斯・怀斯（Chris Wise）和剧场设计师蒂莫西・奥布莱恩（Timothy O'Brien）设计莎士比亚新居。

总平面图

克里斯和蒂莫西回避了房子的表象特征，而是选择通过艺术品和花园设计，把每个游客带入一个单独的、富有想象力的旅程，来感受莎士比亚所认知的世界。

虽然莎士比亚的新居布局、空间如何利用、原有物体是什么等均有设计图可供参考，但是，再设计中的更微妙之处将有助于提升“客人”体验。关于莎翁的工作和生活有很多丰富的主题：植物、雕塑、文字、树木和考古，带游客开始一次探索诗人和他的工作生活的想象之旅。

通过一个宏伟的铜镶橡木大门，迎接游客的是一处过渡庭院，可以看到都铎结花园（Knot Garden）和大花园（The Great Garden）。而上升式“长园”（long garden）或“金地花园”（Golden Garden）穿过新居所有的空间，又把所有空间连接起来。统一的元素让人浮想联翩——37 面锦旗随机矗立在全年可见的金色植物中。

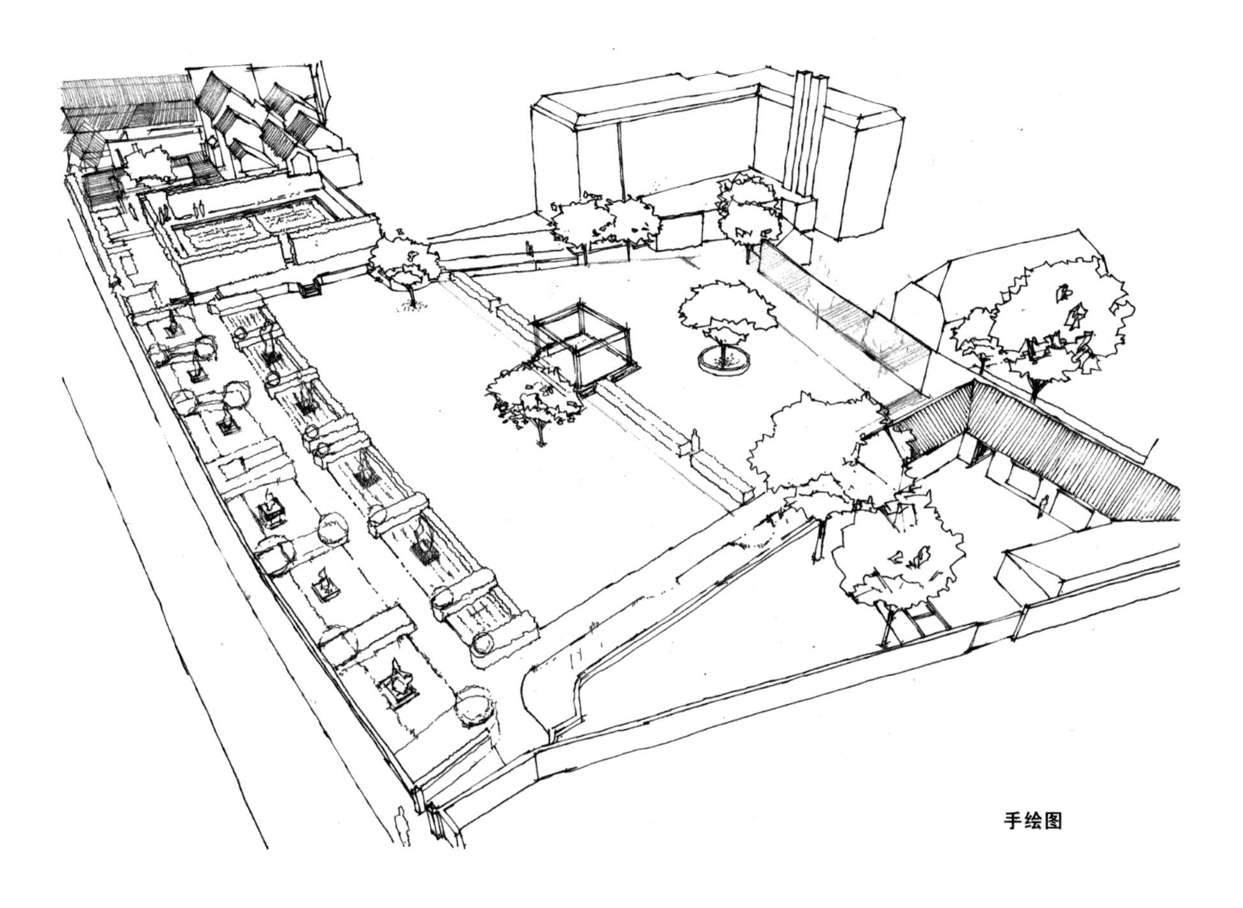

手绘图

新居中心被命名为“家的心脏”（Heart of Home）可谓恰如其分。葱郁的鹅耳枥和一条 30 米长的弧形橡木长椅围绕着青铜树，树枝掠过巨大的球体，表现出莎翁的想象力。而他的金色座椅和写字台也在这里。下沉式都铎结花园——这是厄内斯特·罗在 1920 年设计的核心部分——已经不折不扣地按照罗先生最初的计划完全恢复。新香植物的添加提供了全面的感官体验，是新居最宁静的地方之一。吉利斯比公司的设计巧妙地纳入无障碍坡道和清晰的过道，把新居、纳什楼（Nash’s House）、大花园和都铎结花园四处连接起来。所有建材使用的都是可回收和传统材料，在这里时光静止，引人遐思。陈旧的木工作品已由工匠用传统技法制作的绿色橡木取代，一个令人印象深刻的凉亭连接着到果林的甬道。

大花园被保留了下来，莎士比亚作品中描述过原址上那生意盎然的植物带也被恢复了。美得令人窒息的草坪、绿色植物带、著名的桑树林以及特制的艺术品，重新向游人诉说莎士比亚的故事。

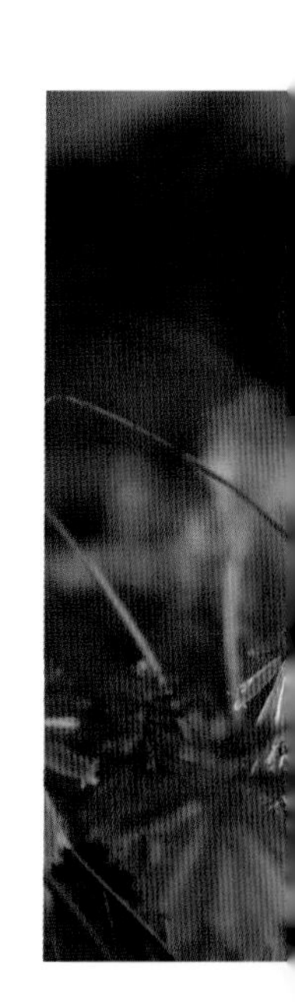

夏日之光公园

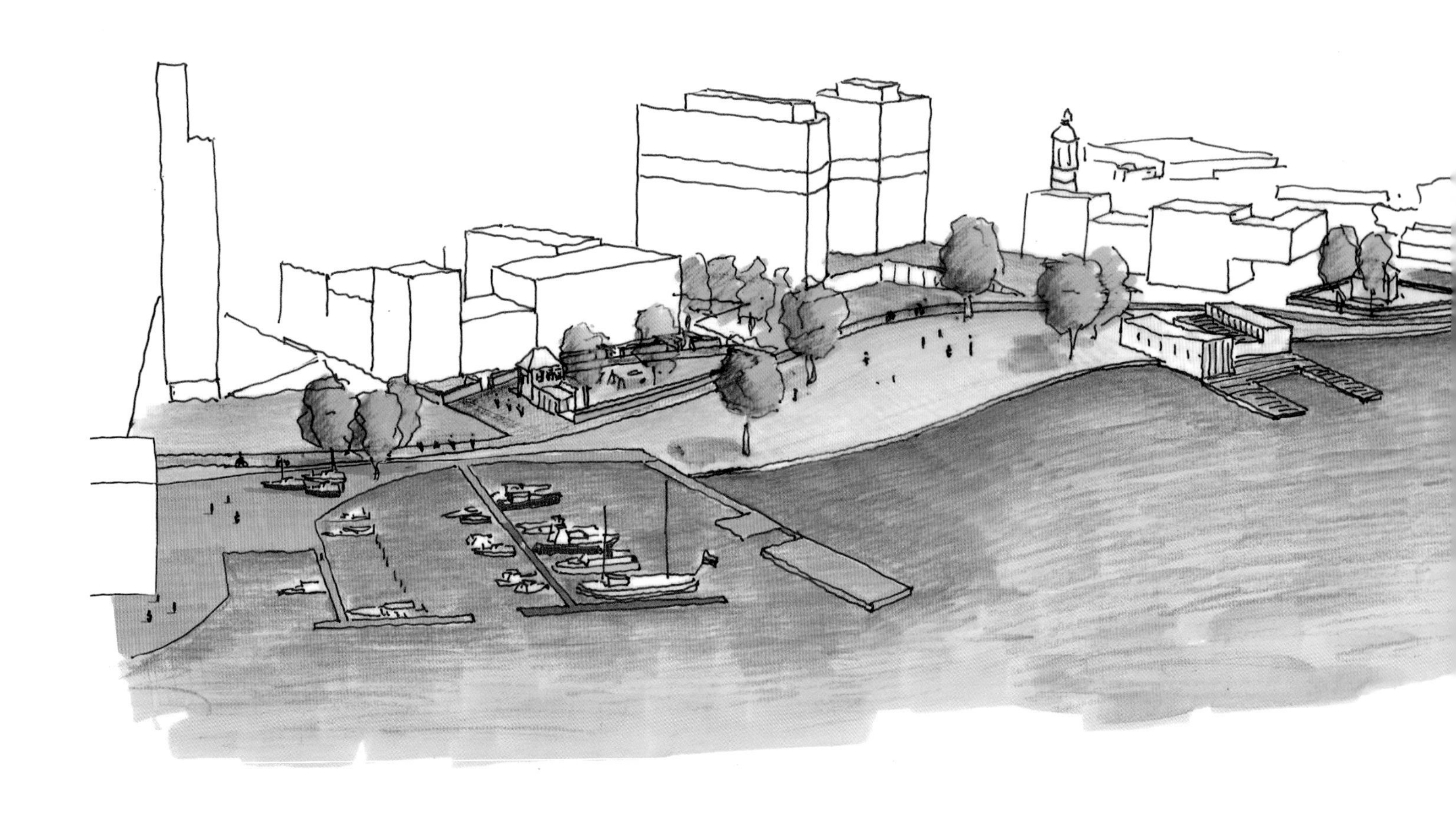

项目地点
荷兰，阿姆斯特丹
竣工时间
2015 年
景观设计
费利克斯景观事务所
委托客户
阿姆斯特丹市政府
面积
4.2 公顷
摄影
彼得・范戴克、巴特・弗拉芒、
阿姆斯特丹市政府

夏日之光公园（Park Somerlust）位于阿姆斯特丹历史悠久的南部煤气厂原址（Zuidergafabriek，建于 1885 年），由荷兰费利克斯景观事务所（Felixx landscape architects & planners）操刀设计。现在，这里已经成为阿姆斯特丹的一个全新的多功能城区——阿姆斯特尔区（Amstelkwartier）。

夏日之光公园既是阿姆斯特尔河（Amstel）沿岸公共环境的一部分，同时也为附近街区的户外环境树立了标志性的形象。设计目标包括：集成处理附近的慢行交通网、为临时活动提供场地、为附近体育设施和服务行业提供滨水空间、营造生物栖息地。尽管面积有限，但是公园里的视野极好，能越过阿姆斯特尔河最宽阔的河段眺望阿姆斯特丹全景。

宽 7 米的行人道 / 自行车道将市中心与阿姆斯特丹周围的郊区连接起来，也是本案设计的主干。公园的环境完美实现了城市和乡村之间的转换衔接。原有的老建筑融入设计之中并被赋予了新的功能。其中最突出的是“工程师之家”，现在改造成为一座英式茶室，让公园更有人气，变成市民喜爱的休闲之所。环境与水的关系得到进一步凸显。水边设计成阶梯台地，给动植物提供了栖息空间，彻底改变了从前土地与水截然分离的情况。不仅如此，河流的功能也得到了进一步开发。原来的赛艇俱乐部经过翻修，焕然一新，还增加了一个新的船坞。除了这些永久性的功能之外，设计还包括为临时活动

鸟瞰图

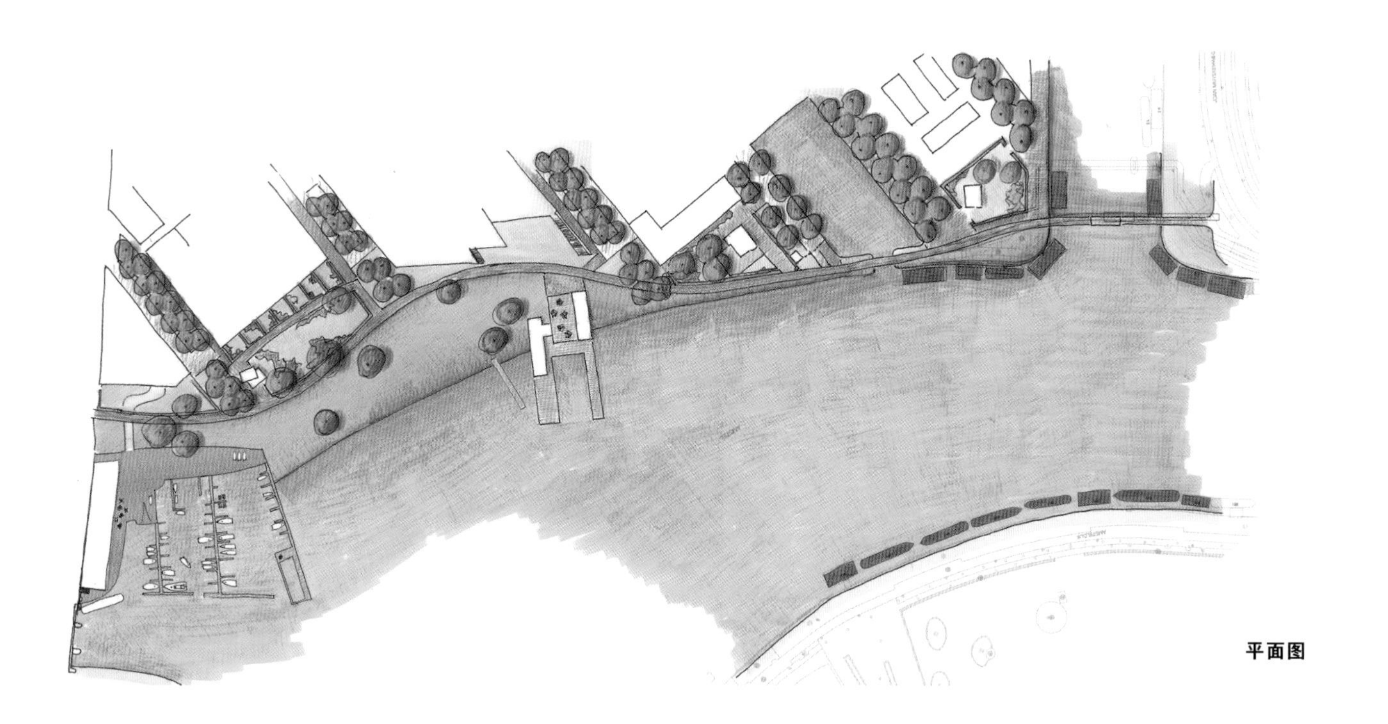

平面图

准备的空间，比如夏日划船的水池。

水边的草坪拥有一项附加功能：暴雨来临时，如果阿姆斯特尔河水面上涨，草坪能储存多余的溢流水。

过去，这里是一片荒芜的工业用地，唯一的景色就是能眺望一下阿姆斯特尔河。如今，荒芜已然不再，这里呈现出全新的城市景观。树木林立的坡地草坪让河岸成为舒适的休闲环境，为阿姆斯特丹营造了一座全新的滨水公园。

茶园剖面图

游乐场剖面图

delta lloyd
delta lloyd

海牙索菲娅康复中心

项目地点
荷兰，海牙
竣工日期
2016年
景观设计
Bureau B+B 景观设计事务所
摄影
弗兰克·汉斯韦坎
面积
40,000平方米

在海牙建立了一个护理岛，设有康复中心和特殊教育学校。Bureau B + B 景观设计事务所承担设计任务。

绿岛

康复中心和特殊教育学校坐落在埃斯凯姆普的绿色区域附近。这个绿色轴对城市布局和区域的生态结构至关重要。这也是必须加强中心的绿色特性的原因。该地区被天然河岸环绕。外环则是草坪和树。在这个环里面有楼房、停车场、主题花园和游乐场。尽管人们可以在该岛自由地骑行和散步，但是水和绿色植物使它显得安全又独立。

康复中心

该处的布局有助于康复的进程，使病人能够一步步重返社会。在大楼旁边有让人亲近的主题公园，人们可以在那里静静地呼吸新鲜空气。花园看起来彼此不同，所以病人愿意去探索。他走得越远，中心也显得越繁华。这里有休息的长凳和活动场地。最终，病人到达了常人所使用的自行车道和公共道路。

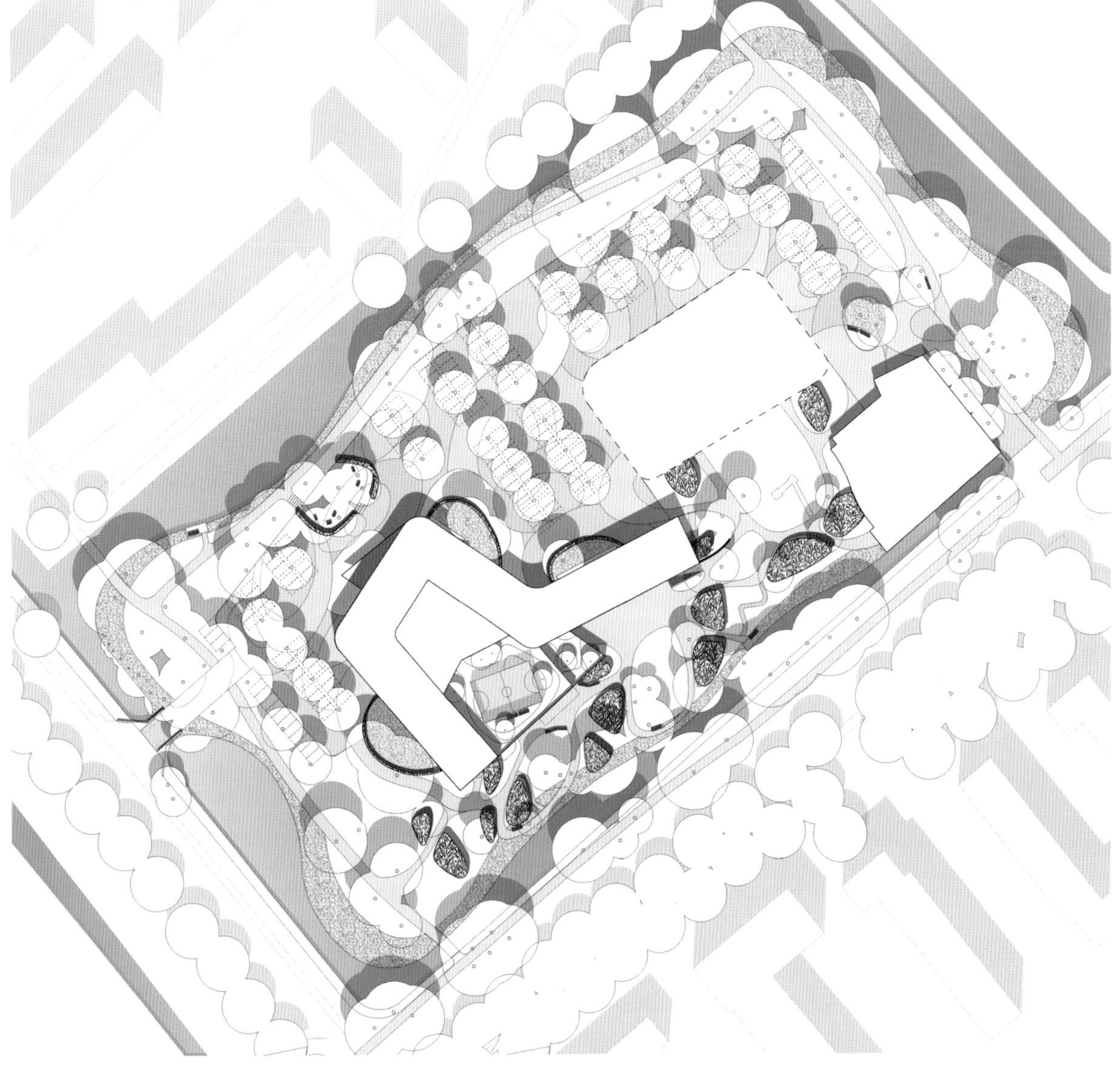

总平面图

多用途土地

各种各样疾病和残疾的儿童经常光顾特殊教育学校。有些孩子坐在轮椅上，有些则是盲童。他们经常坐车上学，因此，需要很多停车位。午休时，停车场是空的，所以又可以用来做运动。学校附近有一个僻静的校园，配备了专门改装的游乐设备。

Sophia Revalid

特拉慕拉纪念公园休闲娱乐区

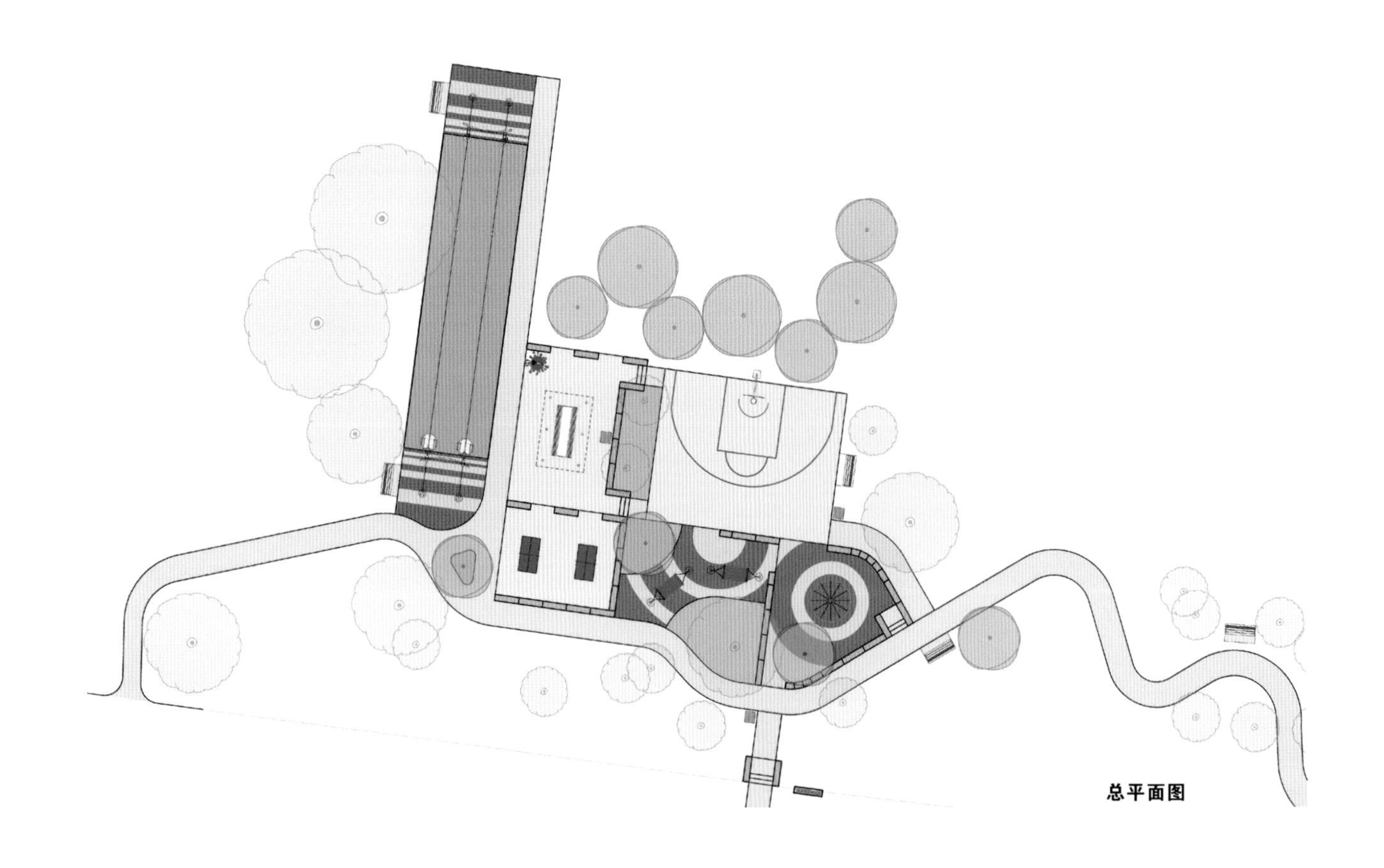

总平面图

项目地点
澳大利亚，悉尼
景观设计
考克利咨询设计工作室
摄影
考克利咨询设计工作室

库灵盖地区位于悉尼北郊，以其广阔的森林覆盖率和众多公园及开阔空间而闻名。然而，城市发展导致人口密度增加，并对现有的开放空间和娱乐设施产生巨大的压力。因此，库灵盖议会采取发展新设施的方法增加现有公园的休闲娱乐能力。这些新休闲娱乐设施的显著特点是具有多样性，这样就可以满足不断变化的社区需求和游人的期望。

特拉慕拉纪念公园休闲娱乐区即是一个很好的例子。该公园是该地区最重要的公园之一，里面包括运动场、网球场、儿童游乐场和大片的草坪和树木。而公园的名字因位于西北角的战争纪念馆而起。

议会经过广泛咨询公众后通过了景观总规划，在原有的树林基础上发展新的休闲娱乐区。

议会的策略项目小组在进一步社区咨询后，为休闲娱乐区制定了概要性规划。议会委托考克利咨询设计工作室进行设计开发和实证。

项目目标为：

- 为年龄略大一些的儿童创建玩耍区和聚集区

• 在现有的濒危生态树木群落框架内工作，减少对保留树木的影响

• 在特拉慕拉纪念公园现有的视觉特征内进行建设

• 在保留主要空间和独立使用区域的前提下，发展该处与周边的联系；以及在预算内交付新设施，并维持最低限度的维修要求

新的娱乐设施包括半个篮球场、乒乓球桌、飞索、攀爬网、吊床、野餐营地，新的座位区，游乐设备和健身站。为体现设计主题，广泛使用了砂岩块，这不仅可以解决水平变化，定义空间，提供座位，还给孩子们提供更多的探索机会。另外，虽然现有树木已经很多，但仍然种植了更多的树木。

整个工程不仅拥有施工图纸，而且符合国家建筑规程协会规范。为确保预算，BDA 以考克利咨询设计公司的子公司身份提供了预估成本和分项报价表。建设工程项目管理由库灵盖议会业务开放空间创建项目小组进行。

新设施对外开放后利用率非常高，这表明它们不仅成功满足了社区需要，而且也使特拉慕拉纪念公园也变得更加受人欢迎。

轻舞草坪公园

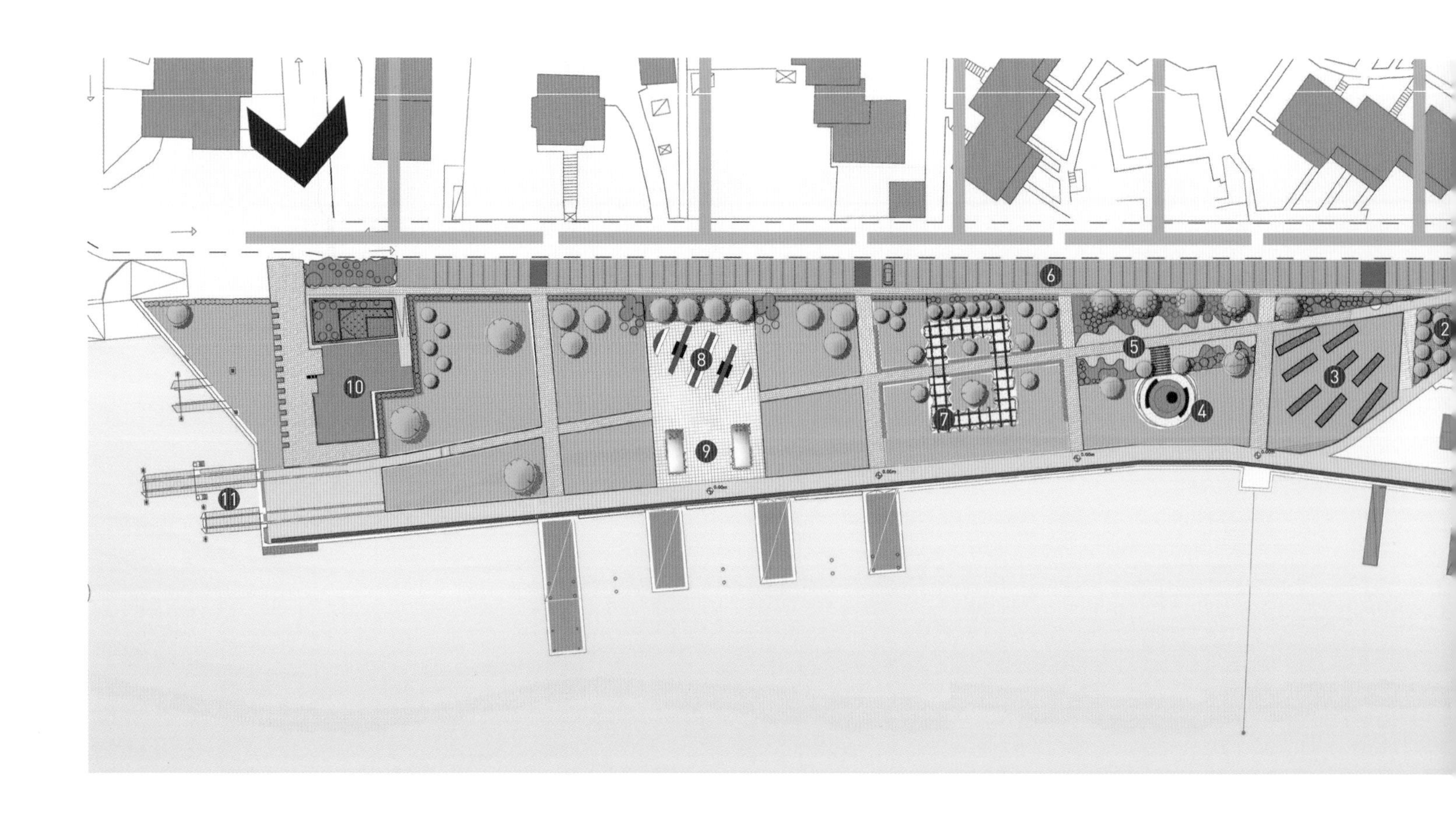

项目地点
意大利，帕拉蒂戈
竣工日期
2016年
景观设计
克里斯蒂娜・马祖凯利景观设计公司
面积
9,500平方米
摄影
达尼埃莱・卡瓦蒂尼
奖项
2015年欧洲理事会景观奖

这是位于意大利北部伊塞奥湖湖畔的一个公园，用地原属于意大利国家铁路局，是一块未开发的土地。设计要求是要打造一个面向公众的开放式休闲空间，同时要凸显周围美丽的自然景观，并着重体现当地的历史。设计挖掘了工业遗迹的价值，将其作为衔接公园中几个区域的核心元素，同时每个区域又有不同的主题，分别诠释当地历史的不同方面。

公园沿湖畔布局，由不间断的几个部分构成。两条纵向路线从公园中穿过。一条沿湖岸布置，另一条从正中央穿过，有意重现当年的铁路线路。沿路能看到草坪上开花的树篱，花池是大型金属槽，里面栽种着各种植物。花池沿草坪的对角线布局，视线顺着这个方向，可以看到湖畔的美景。有一个部分地面铺设砂砾，形成波浪的图案，呼应了湖水的涟漪，搭配大面积的草坪。还有一部分设置了大型木质藤架，上面种植了美国葡萄藤，下面是香气袭人的玫瑰，喻指法兰恰阔尔答山区历史悠久的葡萄种植产业。还有一个特色区域，其特点是设计独特的弧形长椅，还有两个长方形水池，采用石材，池中种植白色的睡莲，与沿岸湖泊的风景遥相呼应。沿岸有若干小空间伸向湖中，游泳爱好者可以把这里作为休憩的码头。这个部分原来就有，设计中进行了清洁和加固。这也为水禽提供了庇护所。沿岸的防波堤经过修复，环绕着公园，也是公园最后一个部分的特色。这里只有几块草坪，干干净净，放眼望去，只能看到防波堤。这样的设计凸显了当地防波堤的历史及其重要作用。人行小径采用当地石材铺装，模仿罗马道路，路面形成不规则的图案，

总平面图

1. 木炭棚改装成的修复材料
2. 梨花木
3. 抬高的花坛
4. 圆形休息处
5. 布满玫瑰的空中隧道
6. 停车场
7. 木制藤架
8. 椭圆形停车处
9. 水潭
10. 餐馆
11. 修复的码头

带来一种强烈的韵律感。旁边保留了火车道，嵌入石材铺装之中，从始至终，伴随着整条小径。不同的形状、色彩和图案的组合，让人很自然地联想到整个公园的全景——和谐、优雅又充满动感，而这正是“轻舞草坪”公园得名的原因。

格莱诺基艺术与雕塑公园

总平面图

项目点
澳大利亚，格莱诺基
景观设计
麦克格雷戈·考克萨尔事务所
摄影
麦克格雷戈·考克萨尔事务所，
格莱诺基艺术与雕塑公园

塔斯马尼亚的格莱诺基位于德温特河边上，格莱诺基艺术与雕塑公园自艾维克湾东缘始呈弧线延伸至威尔金森波音特（Wilkinsons Point）。2011 年 1 月开放的古今艺术博物馆（MONA）即矗立于此。古今艺术博物馆正在改变该地区的社会和文化结构，对旅游业和经济产生了巨大的积极影响。在这样的背景下，格莱诺基市邀请麦克格雷戈·考克萨尔事务所和 11 室建筑师工作室（Room 11 Architects）对公园的第二阶段进行设计，为艺术、雕塑和体验相结合造势。

该景观对当地社区和塔斯马尼亚州而言具有很高价值。在 20 世纪 20 年代，也就是格莱诺基殖民地的早期，这里主要经营农业、果园和早期工业，因此，在该地区工作的人形形色色，还包括相当比例的移民。相应地，该地区的发展在娱乐性和消遣性方面同时得以体现。德温特娱乐中心和马场就是当前娱乐休闲的产物，而许多重工业，包括锌提炼厂，则位于附近。

在发展上，该地区又渐渐体现出当代艺术和文化活动丰富的特点，这不仅是另一层面的传承，也让人在谈及艺术和文化时自然而然想到此处。因此，在设计上，充分体现了对这方面的尊重和借鉴。它利用项目赞助商的新投资，重塑当地的蓝领化社区特点，也补充了古今艺术博物馆为代表的重建工作。

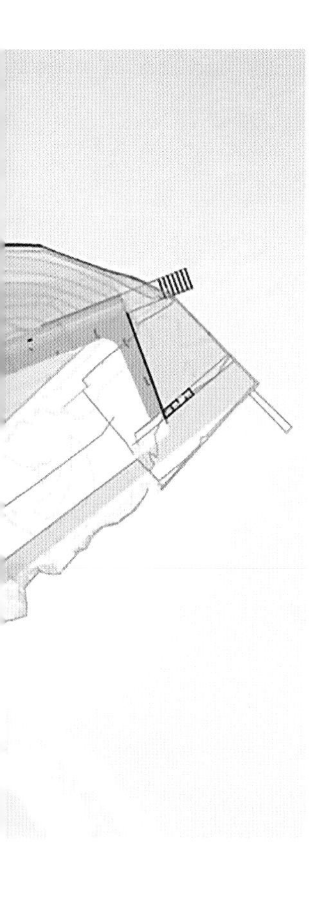

GA
SP!

古今艺术博物馆第二阶段进行改造的地区以前是博文桥（Bowen Bridge）和塔斯曼桥 [Tasman Bridge] 新段的施工桥面，后者在 1975 年被散装矿砂船伊拉瓦拉湖号（Lake Illawarra）撞击后部分坍塌。此处作为后工业用地破败不堪。但它坚固异常，常受大风和海风的侵袭。这里还有作为城市基础设施建设场地使用过的层层遗骸痕迹。预算非常紧张。如何在景观设计中做出反应应对这些挑战可是基础性工作。

当地现有的条件被认为非常不适合绿色植物生长，因此需要进行补救工作和分级，以改善土壤结构和排水，之后再种植。在这种艰难的条件下，通过植物混搭，比如种植混合原生草、垂枝木麻黄（dropping sheoaks）和海滨苹果 [pigface] 来应对强风，丰富色彩，应属不错的选择。

结果此处景观由两个主要部分组成。一是外部景观，一直连接威尔金森・波因特；二是波因特所在处本身的庭院和屋前地台。这些景观既是对比又是互补。它们随光、风、阴影和季节变换。一处展开一处遮蔽，一处暗一处明。它们与河流的周围、惠灵顿山脉和山峰构成不同的关系。

河景因为天气影响不断变化。时而峻风无情，时而海风肆虐，时而平和如镜。周围的灯光和倒影成为河流的一部分，反过来又构成了古今艺术博物馆第二阶段的独特体验：时而外露，时而隐忍，时而不祥，时而诱人。

澳洲沃东加枢纽站

项目地点
澳大利亚，维多利亚州
景观设计
澳派景观设计工作室、沃东加市
竣工时间
2016年
摄影师
安德鲁·劳埃德
面积
11,000平方米

沃东加枢纽站项目占地10公顷，是澳大利亚最大城市改造项目之一，由州级和当地政府共同合作，为处于维多利亚州东北部核心地带的沃东加市中心注入全新的活力。

沃东加枢纽站项目改造重点在于已废弃的、但具有历史意义的沃东加火车站和站台，旨在为周边社区居民打造公共场地、住宅、商业、零售等多种功能空间。

设计师以可持续发展土地资源为规划和设计主导原则，保留并重新利用遗留下来的铁路基础设施和材料，不仅讲述一段丰富的乡村历史，更重新定义该区域的人文精神，并促进该城市和社区的发展。

设计将街道、公共空间和历史建筑有效融合，使用场地回收的材料，如大石块、砖块、铁路灯具等，并加入现代元素，如玻璃扶手、照明和水景，让历史与现代完美结合。

设计的原则在于创造一系列能够满足社区活动需求的场所，例如集市、庆典广场和临时设立的咖啡店，这些活动都将沿着原有铁路轨道新建的“漫步大道”而开设。

平面示意图

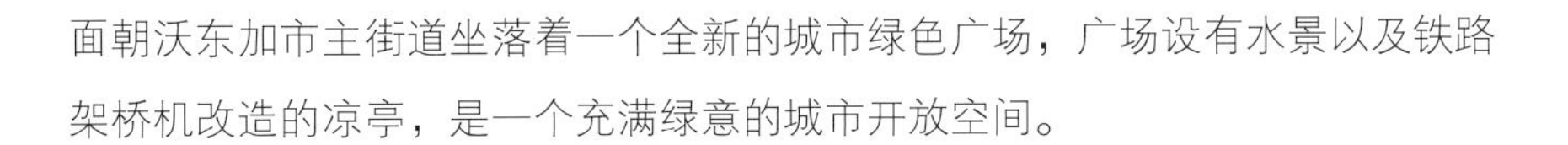

面朝沃东加市主街道坐落着一个全新的城市绿色广场，广场设有水景以及铁路架桥机改造的凉亭，是一个充满绿意的城市开放空间。

KFC